"十二五"职业教育国家规划教材
经全国职业教育教材审定委员会审定

建 筑 力 学

下 册

第 3 版

主 编 赵 萍 段贵明
副主编 闫海琴 孙长青
参 编 马晓健 赵素兰 梁宝英 李 静 梁 媛

机 械 工 业 出 版 社

本书为"十二五"职业教育国家规划教材，经全国职业教育教材审定委员会审定。全书在第 2 版的基础上进行了修订，根据高职土建类专业力学教学课程改革的要求，删减和修改了部分例题和习题，并新增了学习目标，教材内容更精练、实用。

全书共三篇，分上、下两册。下册为第三篇——结构的内力和位移计算，其主要内容有：平面杆件结构的计算简图，平面体系的几何组成分析，静定结构的内力分析，静定结构的位移计算，力法，位移法，力矩分配法，影响线等。各章均有小结、思考题和习题。书末附有部分习题参考答案。

本书可作为高职高专、成教学院的建筑工程、道路与桥梁、水利工程等土木工程类专业的教材，也可作为广大自学者及相关专业工程技术人员的参考用书。

图书在版编目（CIP）数据

建筑力学. 下册/赵萍，段贵明主编. —3 版. —北京：机械工业出版社，2016.3（2023.1 重印）

"十二五"职业教育国家规划教材

ISBN 978-7-111-52997-2

Ⅰ. ①建…　Ⅱ. ①赵…②段…　Ⅲ. ①建筑力学 – 高等职业教育 – 教材　Ⅳ. ①TU311

中国版本图书馆 CIP 数据核字（2016）第 031016 号

机械工业出版社（北京市百万庄大街 22 号　邮政编码 100037）
策划编辑：覃密道　责任编辑：覃密道　郭克学
责任校对：张晓蓉　封面设计：路恩中
责任印制：邝　敏
北京富资园科技发展有限公司印刷
2023 年 1 月第 3 版第 4 次印刷
184mm×260mm · 11.25 印张 · 267 千字
标准书号：ISBN 978-7-111-52997-2
定价：36.00 元

电话服务　　　　　　　　　　网络服务
客服电话：010-88361066　　机 工 官 网：www.cmpbook.com
　　　　　010-88379833　　机 工 官 博：weibo.com/cmp1952
　　　　　010-68326294　　金 书 网：www.golden-book.com
封底无防伪标均为盗版　　机工教育服务网：www.cmpedu.com

第 3 版前言

"建筑力学"是高职高专土建类专业的一门技术基础课程。建筑力学内容一直起着满足土建类专业知识学习、职业能力训练并兼顾学生可持续发展的需求的重要作用。

本次修订按照教育部"十二五"职业教育国家规划教材的要求，并结合河北省精品课程建筑力学的建设成果，进一步精选、整合传统内容，加强与专业相关课程的联系与配合，强调基本概念，更加突出工程应用，注重职业技能和素质培养。在知识的阐述上力求更适合学生的认知层次，注意内容的深入浅出，通俗易懂。主要体现在：

1. 将上版教材大部分内容进行了改写，并调整组合为20章内容。将上版教材的第五章空间力系内容精简，列入第四章第五节，作为选讲内容；将上版教材第十章平面图形的几何性质调整到第六章；将上版教材中第十一章、第十二章、第十三章内容合并成第十章平面弯曲，并加入梁的主应力和主应力迹线作为选讲内容。删去上版教材第四章考虑摩擦时的平衡问题，删除上版教材第十四章应力状态和强度理论。

2. 修改了各章学习目标，通过双色印刷强调了各章的重点难点内容，对章节部分例题和习题进行了调整，降低了计算难度，并附有部分习题参考答案。

3. 为了方便教与学，第3版丰富了教学助教资源，包括电子课件、教学实施进度、试卷与答案等，凡使用本书作为教材的老师可登陆机械工业出版社教育服务网 www.cmpedu.com 注册下载上述内容，或联系 010 - 88379375。

本书分上、下两册，全书由赵萍、段贵明任主编，并由赵萍统稿。参加本次修订编写工作的有石家庄职业技术学院赵萍、李静、梁媛。石家庄职业技术学院李静、李晓青修订与制作配套的电子课件，其他资源由石家庄职业技术学院省级精品课程建筑力学课程组提供。

在本书编写和修订过程中，许多企业专家提出了宝贵的意见和建议，同时本书的编写也得到石家庄职业技术学院建筑工程系广大师生和机械工业出版社的关注和支持，在此表示感谢。

由于编者水平有限，在修订中仍难免存在不妥之处，恳请广大读者及同仁批评指正。

编　者

目　　录

第三篇 结构的内力和位移计算

引 言

本书上册第一篇研究了力系的合成与平衡，第二篇研究了杆件在各种变形时的强度和刚度以及压杆的稳定性问题。在本书上册的基础上，第三篇将研究杆件结构的几何组成规律和合理形式以及结构在外界因素作用下的内力和位移计算。

研究结构的几何组成规律的目的在于保证结构在承担荷载后，各部分之间能维持平衡；研究结构合理形式是为了有效地利用材料，使其性能得到充分发挥；进行结构的内力和位移计算是为解决结构的设计与校验问题奠定基础。

在结构分析中，首先把实际的结构简化成计算模型，即结构计算简图，然后再对计算简图进行计算。本篇中介绍的计算方法很多，但都要考虑以下三方面的条件：

1）力系的平衡条件。

2）变形的几何连续条件。

3）力与变形间的物理条件。

本篇所研究的结构主要是线性结构，因此叠加原理普遍适用。

第十三章 平面杆件结构的计算简图

1. 了解结构计算简图的选取原则，初步了解实际结构怎样简化为计算简图。
2. 掌握杆件结构结点和支座的类型和特征。
3. 了解平面杆件结构的分类。

第一节 结构的计算简图

工程中结构是很复杂的，完全按照结构的实际情况进行力学分析是不可能的，也是不必要的。因此，在对实际结构进行力学分析以前，必须对结构加以简化，略去不重要的细节，显示其基本特点，用一个简化的图形来代替实际结构，这种简化的图形称为结构的计算简图。选取计算简图的原则是：

1）尽可能反映实际结构的主要受力特征。

2）略去次要因素，尽量使分析计算过程简单。

计算简图的选取是力学计算的基础，是十分重要的。在遵循上述两个原则的前提下，对实际结构需要从以下几个方面进行简化。

一、杆件的简化

由于杆件的截面尺寸通常比杆件长度小得多，在计算简图中，杆件用其轴线来表示，杆件的长度用结点间的距离来计算，而荷载的作用点也转移到轴线上。

二、结点的简化

在杆件结构中杆件与杆件相连接处称为结点。结点通常简化为以下两种理想情形：

（1）铰结点 其特征是被连接的杆件在连接处不能相对移动，但可相对转动。铰结点能传递力，但不能传递力矩。这种理想情况实际上很难遇到。图 13-1 所示木屋架的结点比较接近于铰结点。

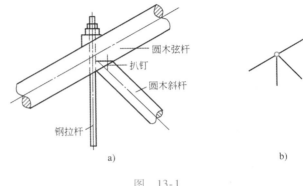

图 13-1

（2）刚结点 其特征是被连接的杆件在连接处既不能相对移动，又不能相对转动。刚结点能传递力，也能传递力矩。图 13-2 所示现浇钢筋混凝土刚架中的结点通常属于这类情形。

有时还会遇到铰结点和刚结点在一起形成的组合结点，如在图 13-3 中的结点 A，其中 BA 杆与 CA 杆以刚结点相连，DA 杆与其他两杆以铰结点相连。组合结点处的铰又称为不完全铰。

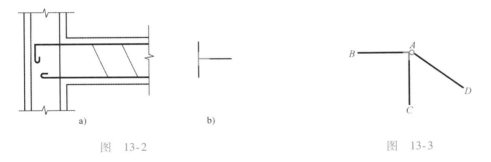

图 13-2   图 13-3

三、支座的简化

将结构与基础或其他支承物体相连接的装置称为支座。平面杆件结构的支座通常有以下四种形式：

（1）可动铰支座 如图 13-4a 所示，在支座处结构可以转动和沿支承面方向移动，但不能在垂直于支承面方向移动，所产生的支座反力只有垂直于支承面的支座反力 F_y。在计算简图中用一根链杆表示（图 13-4b）。

（2）固定铰支座 如图 13-5a 所示，在支座处结构可以转动，但不能移动，产生两个支

座反力 F_x、F_y，在计算简图中用两根相交链杆表示（图 13-5b或图 13-5c）。

（3）固定支座　如图 13-6a 所示，在支座处结构既不能转动，又不能移动，能产生约束反力偶 M 和两个支座反力 F_x、F_y，其计算简图如图 13-6b 所示。

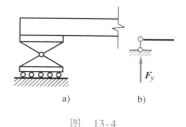

图　13-4

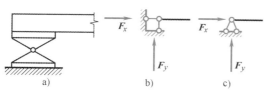

图　13-5

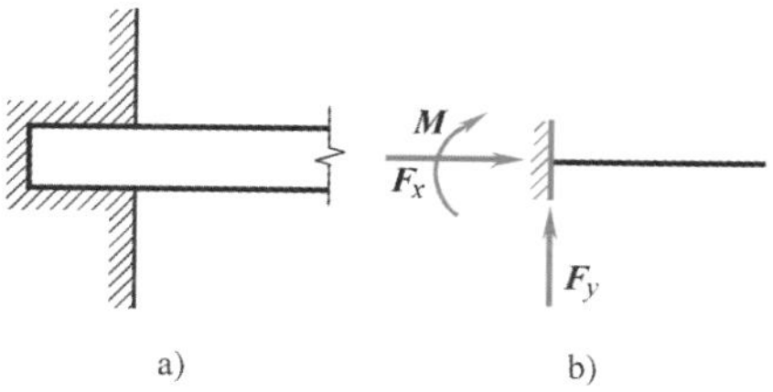

图　13-6

（4）定向支座　如图 13-7a 所示，其支座处结构不能转动，但可沿一个方向平行滑动，产生约束力偶 M 和一个支座反力 F_y，在计算简图中用两根平行链杆表示（图 13-7b）。图 13-7c 所示为定向支座的另一种情况。

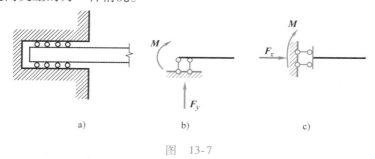

图　13-7

四、计算简图示例

图 13-8a 所示为工业建筑中采用的一种组合式吊车梁，横梁 AB 和竖杆 CD 由钢筋混凝土做成，但 CD 杆的截面面积比 AB 梁的截面面积小很多，斜杆 AD、BD 则为 Q345 圆钢。吊车梁两端由柱子上的牛腿支承。

杆件及结点的简化：各杆件由其轴线来代替，因 AB 是一根整体的钢筋混凝土梁，截面抗弯刚度较大，故在计算简图中，AB 取为连续杆，而竖杆 CD 和钢拉杆 AD、BD 与横梁 AB 相比截面抗弯刚度小很多，它们基本上只承受轴力，所以杆件 CD、AD、BD 的两端可简化为铰结点，其中铰 C 连在横梁 AB 的下方。

支座的简化：由于吊车梁两端的预埋钢板

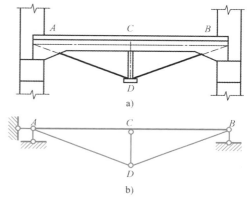

图　13-8

仅通过较短的焊缝与柱子牛腿上的预埋钢板相连，这种构造对吊车梁支承端的转动不能起多大的约束作用，又考虑到梁的受力情况和计算的简便，所以梁的一端可简化为固定铰支座而另一端可简化为可动铰支座。

综合以上所述，组合式吊车梁的计算简图如图 13-8b 所示。

如何选取合适的计算简图是一个比较复杂的问题。不仅要掌握选取的原则，而且还要有较多的实践经验，足够的施工知识、构造知识及设计概念。不过，对于工程中常用的结构，已经有了成熟的计算简图，大家可以直接采用。对于一些新型结构，往往需要反复试验和实践才能确定其计算简图。

第二节 平面杆件结构的分类

一、结构的分类

建筑物或构筑物中，能承受、传递荷载而起骨架作用的部分称为结构。房屋建筑中的屋架、梁、板、柱、基础及其组成的体系，公路与铁路桥梁，挡土墙和水坝等，都是结构的例子。

结构按其几何特征可分为以下三种：

（1）杆件结构 这类结构是由杆件所组成。杆件的几何特征是横截面尺寸要比长度小得多。如图 13-9 所示的单层工业厂房的结构即为杆件结构。

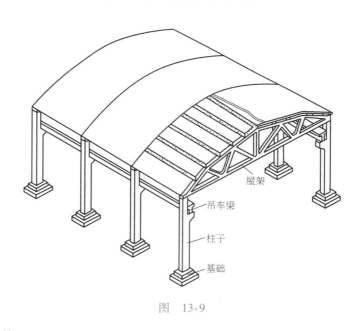

屋架

吊车梁

柱子

基础

图   13-9

（2）薄壁结构 这类结构是由薄壁构件组成的，如薄壳屋面（图 13-10）、折板屋面（图 13-11）等。薄壁构件的厚度远小于其长度和宽度。

（3）实体结构 这类结构的长、宽和厚三个尺寸大小相仿，如挡土墙（图 13-12）、水坝等。

杆件结构是以下各章的主要研究对象。

图　13-10

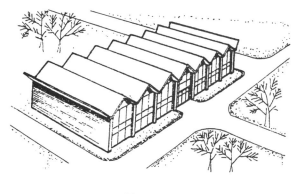

图　13-11

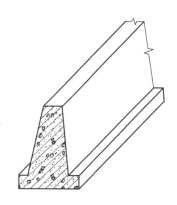

图　13-12

二、平面杆件结构的分类

凡组成结构的所有杆件的轴线都位于同一平面内，并且荷载也作用于该平面内的结构，称为平面杆件结构。否则，就是空间结构。严格说来，实际的结构都是空间结构，但在多数情况下，常可根据其实际受力情况的特点，将其分解为若干平面结构来分析，以简化计算。

常见的平面杆件结构有以下几种类型：

（1）梁　梁是一种受弯构件，其轴线一般为直线，梁可以是单跨的（图 13-13a、c），也可以是多跨的（图 13-13b、d）。

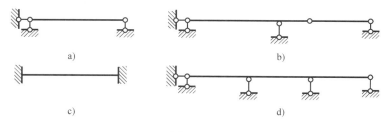

图　13-13

（2）拱　拱的轴线为曲线。拱在竖向荷载作用下能产生水平约束力，这种水平约束力将使拱内弯矩远小于跨度、荷载及支承情况相同的梁的弯矩（图 13-14）。

（3）刚架 刚架是由直杆组成并具有刚结点的结构，各杆主要是受弯（图 13-15）。

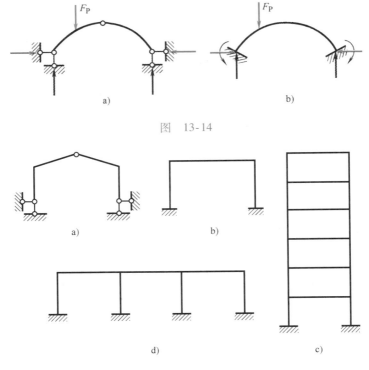

图 13-14

图 13-15

（4）桁架 桁架也是由直杆组成的，但其所有结点都为铰结点（图 13-16），荷载作用在结点上，各杆只产生轴力。

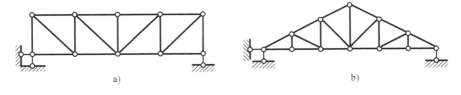

图 13-16

（5）组合结构 组合结构是桁架和梁或刚架组合在一起形成的结构（图 13-17），其中含有组合结点。

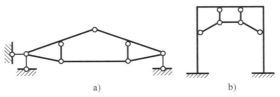

图 13-17

结构是指建筑物或构筑物中，能承受、传递荷载而起骨架作用的部分。在结构分析中，首先把实际的结构简化成计算模型，称为结构计算简图，然后再对计算简图进行力学分析计算，最后把力学计算结果用于结构设计或其他工程实践。

按照计算简图选取的原则，对实际结构需要从杆件、结点、支座等方面进行简化。杆件在计算简图中均用其轴线表示；铰结点上各杆端转角一般不同，铰结点能传递力，但不能传递力矩；刚结点上各杆端转角相同，刚结点能传递力和力矩。

平面杆件结构分为：梁、拱、刚架、桁架和组合结构五种类型。

13-1 什么是结构的计算简图？为什么要将实际结构简化为计算简图？

13-2 计算简图的选取原则是什么？

13-3 刚结点、铰结点的特征是什么？

13-4 常见的平面杆件结构有哪些类型？

第十四章 平面体系的几何组成分析

学习目标

1. 理解几何不变体系、几何可变体系、瞬变体系及自由度、约束的概念。
2. 掌握几何不变体系的组成规则，能正确运用这些规则分析一般平面体系的几何组成。
3. 了解静定结构与超静定结构的概念。

第一节 几何组成分析的目的

杆件结构是由若干杆件互相连接所组成的体系，并与基础连接成整体，用来承受荷载的作用。当结构受荷载作用时，截面上产生应力，材料因而产生应变，结构发生变形。这种变形一般是微小的，不影响结构的正常使用。因此，在几何组成分析中，不考虑这种由于材料的应变所产生的变形。这样，杆件体系就可以分为以下两类：

（1）几何不变体系　体系受任意荷载作用后，其几何形状和位置都不改变，如图 14-1a 所示。

（2）几何可变体系　体系受任意荷载作用后，其形状和位置是可以改变的，如图 14-1b 所示。

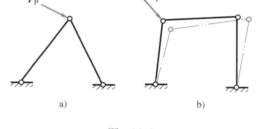

a)　　　　　　　b)

图　14-1

结构必须是几何不变体系，而不能采用几何可变体系。分析体系是属于几何不变体系还是几何可变体系的过程，称为体系的几何组成分析。

对体系进行几何组成分析的目的在于：判别某一体系是否几何不变，从而决定它能否作为结构；研究几何不变体系的组成规则，以保证所设计的结构能承受荷载并维持平衡；区分静定结构和超静定结构，以指导结构的内力计算。

在几何组成分析中，由于不考虑杆件的变形，因此可把体系中的每一杆件或几何不变的某一部分看作一个刚体。平面内的刚体称为刚片。

第二节 平面体系的自由度和约束

一、平面体系的自由度

所谓平面体系的自由度是指确定体系的位置所需的独立坐标的数目。

在平面内，一个点的位置要由两个坐标 x 和 y 来确定（图 14-2a），所以，平面内一个点的自由度是 2。至于一个刚片的位置将由它上面的任一点 A 的坐标 x、y 和过 A 点的任一直线 AB 的倾角 φ 来确定（图 14-2b），所以一个刚片在平面内的自由度是 3。

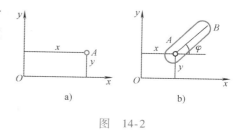

图　14-2

二、约束

凡是能够减少体系自由度的装置都可称为**约束**。能减少一个自由度，就说它相当于一个约束。常用的约束有链杆、铰（单铰、复铰）和刚性连接。

1. 链杆

链杆是两端以铰与别的物体相连的刚性杆。

如图 14-3a 所示，用一链杆将一刚片与基础相连，刚片将不能沿链杆方向移动，因而减少了一个自由度，所以一根链杆相当于一个约束。

2. 单铰

单铰是连接两个刚片的铰。

如图 14-3b 所示，用一单铰将刚片Ⅰ、Ⅱ在 A 点连接起来，对于刚片Ⅰ，其位置可由三个坐标来确定；对于刚片Ⅱ，因为它与刚片Ⅰ连接，所以除了能保存独立的转角外，只能随着刚片Ⅰ移动，也就是说，刚片Ⅱ已经丧失了自由移动的可能，因而减少了两个自由度。所以一个单铰相当于两个约束。

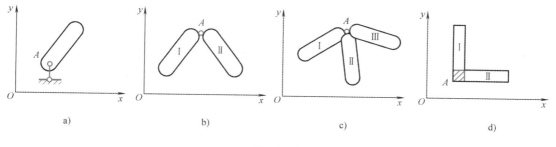

图　14-3

3. 复铰

复铰是连接三个或三个以上刚片的铰。

复铰的作用可以通过单铰来分析。图 14-3c 所示的复铰连接三个刚片，它的连接过程可想象为：先有刚片Ⅰ，然后用单铰将刚片Ⅱ连接于刚片Ⅰ，再以单铰将刚片Ⅲ连接于刚片Ⅰ。这样，连接三个刚片的复铰相当于两个单铰。同理，**连接 n 个刚片的复铰相当于 $n-1$ 个单铰，也就相当于 $2(n-1)$ 个约束**。

4. 刚性连接

如图 14-3d 所示，刚片Ⅰ、Ⅱ在 A 处刚性连接成一个整体，原来两个刚片在平面内具有 6 个自由度，现刚性连接成整体后减少了 3 个自由度，所以，一个刚性连接相当于三个约束。

三、虚铰

如图 14-4a 所示，两刚片用两根不共线的链杆连接，两链杆的延长线相交于 O 点。现对其运动特点加以分析。把刚片 Ⅱ 固定不动，则刚片 Ⅰ 上的 A、B 两点只能沿链杆的垂直方向运动，即绕两根链杆轴线的交点 O 转动，O 点称为瞬时转动中心。这时刚片 Ⅰ 的运动情况与刚片 Ⅰ 在 O 点用铰与刚片 Ⅱ 相连时的运动情况完全相同。由此可见，两根链杆的约束作用相当于一个单铰，不过，这个铰的位置是在链杆轴线的延长线上，且其位置随链杆的转动而变化，该铰与一般的铰不同，称为虚铰。

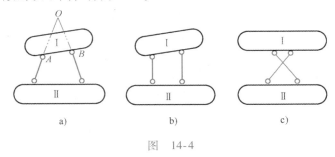

图　14-4

当连接两个刚片的两根链杆平行时（图 14-4b），则认为虚铰位置在沿链杆方向的无穷远处。图 14-4c 为虚铰的另一种形式。

四、多余约束

如果在一个体系中增加一个约束，而体系的自由度并不因此而减少，则此约束称为多余约束。

如平面内一个自由点 A 原来有两个自由度，如果用两根不共线的链杆 1 和 2 把 A 点与基础相连（图 14-5a），则 A 点即被固定，因此减少了两个自由度。

如果用三根不共线的链杆把 A 点与基础相连（图 14-5b），实际上仍只是减少了两个自由度，有一根是多余约束（可把三根链杆中的任何一根视为多余约束）。

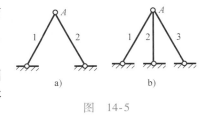

图　14-5

第三节　几何不变体系的组成规则及分析

一、几何不变体系的组成规则

1. 三刚片规则

三个刚片用不在同一直线上的三个铰两两相连，所组成的体系是没有多余约束的几何不变体系。

如图 14-6a 所示，刚片 Ⅰ、Ⅱ、Ⅲ 用不在同一直线上的 A、B、C 三个单铰两两相连。若将刚片 Ⅰ 固定，则刚片 Ⅱ 将只能绕点 B 转动，其上点 A 必在半径为 BA 的圆弧上运动；而刚片 Ⅲ 只能绕点 C 转动，其上点 A 又必在半径为 CA 的圆弧上运动。现因在点 A 用铰将刚片 Ⅱ、Ⅲ 连接，点 A 不可能同时在两个不同的圆弧上运动，故知各刚片之间不可能发生相对运动，因此，这样组成的体系是无多余约束的几何不变体系。

当然，"两两相连"的铰也可以是由两根链杆构成的虚铰，如图 14-6b 所示。

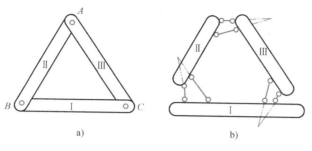

图　14-6

2. 两刚片规则

两个刚片用一个铰和一根不通过该铰的链杆相连，所组成的体系是没有多余约束的几何不变体系。

与图 14-6a 相比较，图 14-7a 所示体系显然也是按三刚片规则构成的，只是把刚片 **Ⅲ** 视为一根链杆时就成为两刚片规则。有时用两刚片规则来分析问题更方便些。

前已指出，两根链杆的约束作用相当于一个铰的约束作用。因此，若将图 14-7a 所示体系中的铰 B 用两根链杆来代替（图 14-7b），则两刚片规则也可叙述为：两个刚片用三根不完全平行也不完全交于一点的链杆相连，则所组成的体系是没有多余约束的几何不变体系。

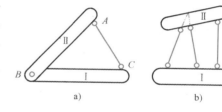

图　14-7

3. 二元体规则

在体系中增加一个或拆除一个二元体，不改变体系的几何不变性或可变性。

所谓二元体是指由两根不在同一直线上的链杆连接一个新结点的装置，如图 14-8 所示的 BAC 部分。由于在平面内新增加一个点就会增加两个自由度，而新增加的两根不共线的链杆，恰能减去新结点 A 的两个自由度，故对原体系来说，自由度的数目没有变化。因此，在一个已知体系上增加一个二元体不会影响原体系的几何不变性或可变性。同理，若在已知体系中拆除一个二元体，也不会影响体系的几何不变性或可变性。

利用二元体规则，可以得到更为一般的几何不变体系。如图 14-9 所示体系，是从一个基本的铰接三角形开始，依次增加二元体所组成的没有多余约束的几何不变体系。

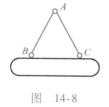

图　14-8

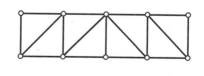

图　14-9

二、瞬变体系

上述组成规则，对刚片间的连接方式都提出了一些限制条件，如连接三刚片的三个铰不能在同一直线上；连接两刚片的三根链杆不能全平行也不能全交于一点等。如果不满足这些条件，将会出现下面所述的情况。

如图 14-10 所示的三个刚片，它们之间用位于同一直线上的三个铰两两相连，此时，点 A 位于以 BA 和 CA 为半径的两个圆弧的公切线上，故点 A 可沿此公切线作微小运动，体系是几何可变的。但在发生一微小移动后，三个铰就不再位于同一直线上，因而体系成为几何不变的。这种本来是几何可变的、经微小位移后又成为几何不变的体系称为**瞬变体系**。

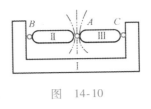

图　14-10

又如图 14-11a 所示的两个刚片用全交于一点 O 的三根链杆相连，此时，两个刚片可以绕点 O 作相对转动。但在发生一微小转动后，三根链杆就不再全交于一点，体系成为几何不变的，所以，这种体系是瞬变体系。再如图 14-11b 所示的两个刚片用三根互相平行但不等长的链杆相连，此时，两个刚片可以沿与链杆垂直的方向发生相对移动。但在发生一微小移动后，由于三杆不等长，所以三根链杆不再互相平行，故这种体系也是瞬变体系。

瞬变体系是由于约束布置不合理而能发生瞬时运动的体系。瞬变体系不能作为结构使用，不仅如此，对于接近瞬变体系的几何不变体系在设计时也应避免。如图 14-12 所示的三铰虽不共线，但当 φ 很小时，杆件的内力（$F_N = F_P/2\sin\varphi$）将很大，从而导致体系破坏。

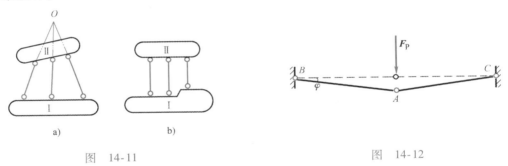

图　14-11　　　　　　　　　　　　　图　14-12

三、几何组成分析举例

几何不变体系的组成规则是进行几何组成分析的依据。灵活使用这些规则，就可以判定体系是否为几何不变体系及有无多余约束等。分析时应注意以下几点。

1）选择刚片。在体系中任一杆件或某个几何不变的部分（如基础、铰接三角形）都可选作刚片。在选择刚片时，要考虑哪些是连接这些刚片的约束。

2）先从能直接观察的几何不变的部分开始，应用组成规则，逐步扩大几何不变部分直至整体。

3）对于复杂体系可以采用以下方法简化体系：

① 当体系上有二元体时，应依次拆除二元体。

② 如果体系只用三根不全交于一点也不全平行的支座链杆与基础相连，则可以拆除支座链杆与基础。

③ 利用约束的等效替换。只有两个铰与其他部分相连的刚片可用直链杆代替；连接两个刚片的两根链杆可用其交点处的虚铰代替。

例14-1　试对图14-13所示体系进行几何组成分析。

解　在此体系中，将基础视为刚片，AB 杆视为刚片，两个刚片用三根不全交于一点也不全平行的链杆1、2、3相连，根据两刚片规则，此部分组成几何不变体系，且没有多余约束。然后将其视为一个大刚片，它与 BC 杆再用铰 B 和不通过该铰的链杆4相连，又组成几何不变体系，且没有多余约束。所以，整个体系为几何不变体系，且没有多余约束。

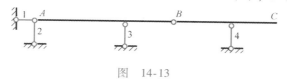

图　14-13

例14-2　试对图14-14所示体系进行几何组成分析。

解　在此体系中，$ABCD$ 部分是由一个铰接三角形增加一个二元体组成的几何不变部分。同理，$CEFG$ 部分也是几何不变部分，故可当作刚片，分别用 Ⅰ、Ⅱ 表示。再将基础看作刚片，并以 Ⅲ 表示。此时，刚片 Ⅰ 和 Ⅱ 用铰 C 连接；刚片 Ⅰ 和 Ⅲ 用链杆1、2构成的虚铰 O_1 连接；刚片 Ⅱ 和 Ⅲ 则用链杆3、4构成的虚铰 O_2 连接。由于铰 C 和虚铰 O_1、O_2 不在同一直线上，所以，此体系为几何不变体系，且没有多余约束。

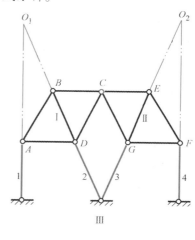

图　14-14

例14-3　试对图14-15a所示体系进行几何组成分析。

解　首先依次拆除二元体 IJK、HIL、HKL、DHE 和 FLG，得到如图14-15b所示体系。剩下的部分 $ADEC$ 和 $BGFC$ 可分别看作刚片 Ⅰ、Ⅱ，基础为刚片 Ⅲ，则三刚片用不在同一直线上的三个铰 A、B、C 两两相连。所以，整个体系为几何不变体系，且没有多余约束。

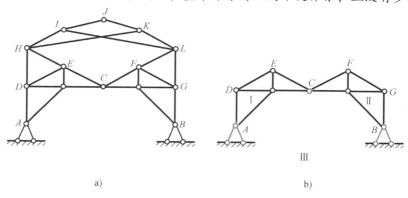

a)　　　　　　　　　b)

图　14-15

例 14-4 试对图 14-16 所示体系进行几何组成分析。

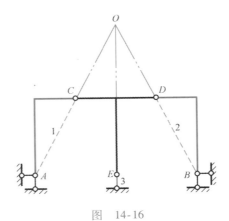

图 14-16

解 在此体系中，刚片 *AC* 只有两个铰与其他部分相连，其作用相当于一根用虚线表示的链杆 1。同理，刚片 *BD* 也相当于一根链杆 2。于是，刚片 *CDE* 与基础之间用三根链杆 1、2、3 连接，这三根链杆的延长线交于一点 *O*。所以，此体系为瞬变体系。

例 14-5 试对图 14-17a 所示体系进行几何组成分析。

解 把三根互相平行的链杆看作刚片 Ⅰ、Ⅱ、Ⅲ，如图 14-17b 所示。Ⅰ 和 Ⅱ 之间由链杆 *AB* 和 *FE* 连接，它们构成虚铰 O_1；同理，Ⅱ 和 Ⅲ 之间由链杆 *ED* 和 *BC* 构成的虚铰 O_2 相连；Ⅰ 和 Ⅲ 之间由链杆 *FC* 和 *AD* 构成的虚铰 *O* 相连。由于三个虚铰共线，故体系为瞬变体系。

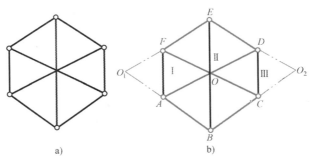

a)   b)

图 14-17

例 14-6 试对图 14-18a 所示体系进行几何组成分析。

解 因为该体系只用三根不全交于一点也不全平行的支座链杆与基础相连，故可直接取内部体系（图 14-18b）进行几何组成分析。将 *AB* 视为刚片，再在其上增加二元体 *ACE* 和 *BDF*，组成几何不变体系，链杆 *CD* 是添加在几何不变体系上的约束，故此体系为具有一个多余约束的几何不变体系。

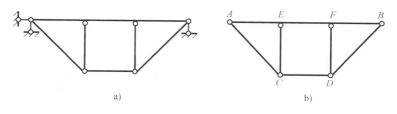

图　14-18

　　注意：在进行几何组成分析时，体系中的每一根杆件和约束都不能遗漏，也不可重复使用（复铰可重复使用，但重复的次数不能超过其相当的单铰数）。当分析进行不下去时，一般是所选择的刚片或约束不恰当，应重新选择再试。对于某一体系，可能有多种分析途径，但结论是唯一的。

第四节　静定结构和超静定结构

　　前面已经提到，结构必须是几何不变体系。而对于几何不变体系按照约束的数目又可分为无多余约束的几何不变体系和有多余约束的几何不变体系。因此，实际工程中的结构也分为无多余约束的结构和有多余约束的结构两类。

　　对于无多余约束的结构，如图 14-19 所示简支梁，在荷载作用下，所有约束力和内力均可由静力平衡条件求得且为确定值，这类结构称为**静定结构**。但是，对于具有多余约束的结构，仅由静力平衡条件就不能求出全部的约束力和内力。如图 14-20 所示的梁，在荷载作用下有四个约束力，而静力平衡条件只提供三个平衡方程，显然无法确定全部约束力，于是也就不能进一步求出其内力，这类结构称为**超静定结构**。

图　14-19　　　　　　　　　　　　　　　　　图　14-20

静定结构和超静定结构的内力计算将在后面各章介绍。

本章主要讨论的是平面杆件体系的几何组成问题。因此，可把杆件当作刚片，把杆件体系看成刚片组成的体系。

一、杆件体系的分类

杆件体系分为几何不变系、几何可变系和瞬变系。后两者不能作为结构使用。

二、各种约束的性质

一根链杆或者一个可动铰支座相当于一个约束。

一个单铰或者一个固定铰支座相当于两个约束。

一个刚性连接或者一个固定支座相当于三个约束。

连接两个刚片的两个链杆可以用虚铰来代替。

三、几何不变体系的组成规则

无多余约束的几何不变体系的组成规则有三个，即三刚片规则、两刚片规则、二元体规则。对三个组成规则应着重理解以下几点：

1）在三个组成规则中，规定了刚片之间所必需的最少约束数目，以及刚片之间应遵循的连接方式。

2）三个规则之间的内在联系。如图 14-21a 所示体系可按两刚片规则组成几何不变体系；若将杆件 AB 看作刚片（图 14-21b），则可按三刚片规则组成几何不变体系；若将刚片 AC 看作两端铰结的链杆（图 14-21c），则可按二元体规则组成几何不变体系。由上可知，三个规则是可以互相转化的。对同一体系，按三个规则分析所得结论必定是相同的。

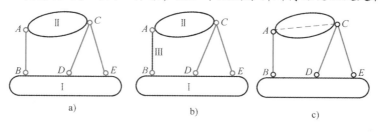

图　14-21

3）三个规则实际上可归纳为一个铰接三角形规则。如果三个铰不共线，则一个铰接三角形的形状是不变的，且没有多余约束。如图 14-6a 所示三刚片的连接方式，如图 14-7a 所示两刚片的连接方式，如图 14-8 所示一点和一个刚片的连接方式，它们都可看作一个铰接三角形。

四、静定结构和超静定结构

静定结构是无多余约束的几何不变体系，超静定结构是具有多余约束的几何不变体系。

14-1　什么是几何不变体系、几何可变体系和瞬变体系？工程中的结构不能使用哪些体系？

14-2　对体系进行几何组成分析的前提条件是什么？

14-3　什么是虚铰？图 14-22 所示的两根链杆的交点能构成虚铰吗？

14-4　什么是多余约束？体系有多余约束是否一定是几何不变体系？

14-5　固定一个点需要几个约束？约束应满足什么条件？

14-6　几何不变体系的三个组成规则有何联系？能否将其归结为一个最基本的规则？

14-7　在进行几何组成分析时，应注意体系的哪些特点才能使分析得到简化？

14-8　在几何组成分析中，如何判别瞬变体系？

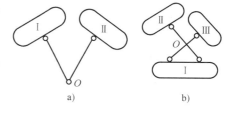

图　14-22

试对图 14-23 ~ 图 14-40 所示各体系进行几何组成分析。

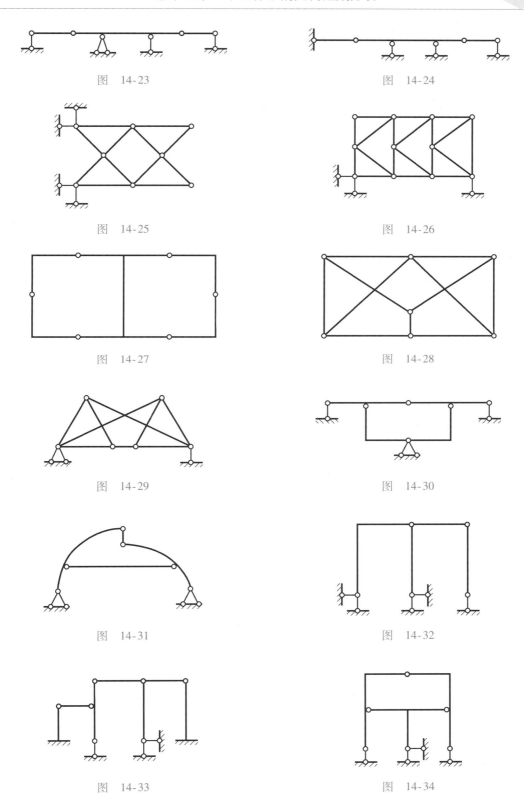

图 14-23

图 14-24

图 14-25

图 14-26

图 14-27

图 14-28

图 14-29

图 14-30

图 14-31

图 14-32

图 14-33

图 14-34

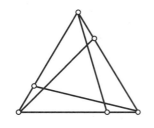

图　14-35

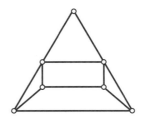

图　14-36

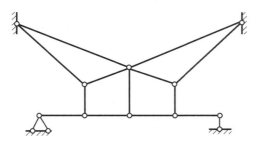

图　14-37

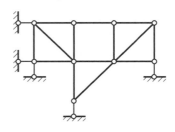

图　14-38

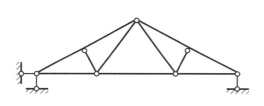

图　14-39

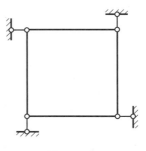

图　14-40

第十五章 静定结构的内力分析

学习目标

1. 能熟练地用截面法计算各类静定结构的内力。

2. 掌握作多跨静定梁、静定平面刚架、组合结构内力图的方法；掌握静定平面桁架与组合结构内力的计算方法。

3. 掌握三铰拱的特点及合理拱轴线的概念，了解三铰拱在竖向荷载作用下，支座反力和任意截面内力的计算方法及计算公式。

4. 了解各类静定结构的特性。

第一节 静　定　梁

一、单跨静定梁

单跨静定梁在工程中应用很广，是常用的简单结构，也是组成各种结构的基本构件之一，其受力分析是各种结构受力分析的基础。尽管在上册第十章中对单跨静定梁的内力分析作过详细的阐述，但在这里仍有必要加以简略叙述和补充，使读者进一步熟练掌握单个杆件的内力分析方法，以便更好地去进行杆系结构的内力计算。

常见的单跨静定梁有简支梁（图 15-1a）、外伸梁（图 15-1b）和悬臂梁（图 15-1c）三种形式。它们的支座反力均只有三个，由平面一般力系的三个平衡方程式求出。下面就上册第十章讲述过的关于单跨静定梁的内力分析和作内力图进行要点概括和补充。

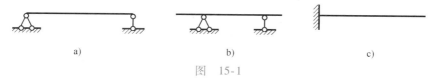

　　　　a)　　　　　　　　　　b)　　　　　　　　　　c)

图　15-1

1. 用截面法求指定截面的内力

平面结构在任意荷载作用下，其杆件横截面上一般有三种内力，即弯矩 M、剪力 F_Q 和轴力 F_N，如图 15-2 所示。计算内力的基本方法是截面法：将结构沿拟求内力的截面截开，取截面任一侧的部分为隔离体（通常取外力较少的一侧），利用平衡条件计算所求内力。内力的符号通常规定如下：弯矩以使梁的下侧纤维受拉者为正，上侧纤维受拉者为负；剪力以使隔离体有顺时针方向转动趋势者为正，有逆时针方向转动趋势者为负；轴力以拉力为正，压力为负。由截面法的运算可得知（由外力直接确定内力的规律）：

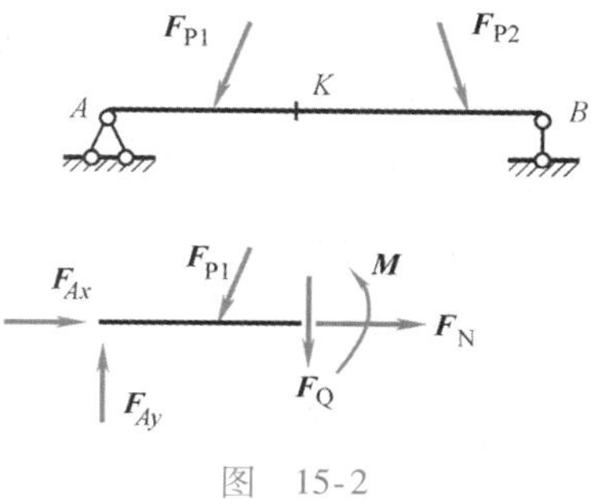

图　15-2

1）梁内任一横截面上的弯矩等于该截面一侧（左侧或右侧）所有外力对该截面形心的力矩的代数和。向上的外力引起正值弯矩，向下的外力引起负值弯矩。截面左梁段上顺时针转向的外力偶（或右梁段上逆时针转向的外力偶）引起正值弯矩；反之，引起负值弯矩。

2）梁内任一横截面上的剪力等于该截面一侧（左侧或右侧）与截面平行的所有外力的代数和。截面以左梁段上向上的外力（或以右梁段上向下的外力）引起正值剪力；反之，引起负值剪力。

3）梁内任一横截面上的轴力等于该截面一侧（左侧或右侧）与截面垂直（即沿梁轴线方向）的所有外力的代数和。背离截面的外力引起正值轴力；指向截面的外力引起负值轴力。

4）对于直梁，当所有外力均垂直于梁轴线时，横截面上将只有剪力和弯矩，没有轴力。

2. 内力图

结构上各个截面的内力通常是不同的，为了对整个结构的内力变化情况有个直观的了解，可将结构的内力分布用图形表示出来。表示内力沿轴线变化规律的图形称为内力图。内力图包括弯矩图、剪力图和轴力图。

作内力图的基本方法是先写出内力方程，即以 x 表示任意截面的位置，并由截面法写出所求内力与 x 之间的函数关系式，然后根据方程作图。但通常更多采用的是利用 $M(x)$、$F_Q(x)$ 与 $q(x)$ 三者微分关系来作内力图的简捷法。

用简捷法作内力图的步骤：

（1）求支座反力（悬臂梁可以不求支座反力）

（2）分段 凡外力不连续的点均应作为分段点，如集中力及集中力偶作用处，均布荷载两端点等。这样，根据外力情况就可以判断各段梁上的内力图形状。

（3）定点 根据各段的内力图的形状，选定所需的控制截面，如集中力及力偶作用点两侧的截面、均布荷载起止点及中间的某处截面等，用截面法求出各控制截面的内力值，这样就定出了内力图上的各控制点。

（4）连线 将各控制点的内力控制值在基线上用竖标作出，并根据各段内力图的形状，分别用直线或曲线将各竖标的顶点依次连接，即得到所求的内力图。

3. 用叠加法作弯矩图

利用叠加法作弯矩图是常用的一种简便作图方法。在用这种方法作弯矩图时，常以简支梁的弯矩图为基础，因此应熟练掌握简支梁在常用荷载作用下的弯矩图。下面先介绍有关简支梁弯矩图的叠加法。如作图 15-3a 所示简支梁的弯矩图，可先作出两端力偶 M_A、M_B 和集中力 F_P 分别作用时的弯矩图（图 15-3b、c），然后将二图相应的竖标叠加，即得所求的弯矩图（图 15-3d）。在实际作图时，往往不必作出图 15-3b、c，而可直接作出图 15-3d。作法是：先将两端弯矩 M_A 和 M_B 作出并连以虚直线，如图 15-3d 中虚线所示，然后以此虚线为基线叠加简支梁在集中力 F_P 作用下的弯矩图，则最后所得的图线与原先选定的水平基线之间所包含的图形，即为实际的弯矩图。应当注意，这里所述弯矩图的叠加是指竖坐标的叠加，即竖坐标代数相加，因此图 15-3d 中的竖标 $\dfrac{F_P ab}{l}$ 仍应沿竖向量取，而不是沿垂直于 M_A、M_B 连线的方向。

上述作简支梁弯矩图的叠加法，可以推广应用于直杆的任一区段。现以图 15-4a 所示简支梁的区段 AB 为例，说明如下：

将杆段 AB 作为隔离体取出（图 15-4b），其上作用力除均布荷载 q 外，在杆端还有弯矩 M_{AB}、M_{BA} 和剪力 F_{QAB}、F_{QBA}。为了说明杆段 AB 弯矩图的特性，将它与图 15-4c 所示简支梁相比，该简支梁的跨度与杆段 AB 的长度相同，并承受相同的荷载 q 和相同的杆端力偶 M_{AB}、M_{BA}。设简支梁的支座反力为 F_{Ay}、F_{By}，则由平衡条件可知：$F_{Ay} = F_{QAB}$，$F_{By} = F_{QBA}$，这样二者受力完全相同，因此二者的弯矩图相同，故可利用作简支梁弯矩图的方法来作区段 AB 的弯矩图。按照前述作简支梁弯矩图的叠加法，可先求出区段两端的弯矩竖标，并将这两个竖标的顶点用虚线相连，然后以此虚线为基线，将简支梁在均布荷载 q 作用下的弯矩图叠加上去，则最后所得曲线与水平基线之间所包含的图形即为实际的弯矩图（图 15-4d）。此时，图 15-4c 所示简支梁称为 AB 梁段的**相应简支梁**。这种利用相应简支梁弯矩图的叠加来作直杆某一区段弯矩图的方法，称为**区段叠加法**。今后常用到此法，读者应熟练地掌握。

用区段叠加法作弯矩图的步骤可归纳如下：

1）选择外荷载的不连续点（如集中力作用点、集中力偶作用点、分布荷载的起点和终点及支座结点等）为控制截面，求出控制截面的弯矩值。

2）分段作弯矩图。当控制截面间无荷载时，用直线连接两控制截面的弯矩值，即得该段的弯矩图；当控制截面间有荷载作用时，先用虚直线连接两控制截面的弯矩值，然后以此虚直线为基线，再叠加这段相应简支梁的弯矩图，从而作出最后的弯矩图。

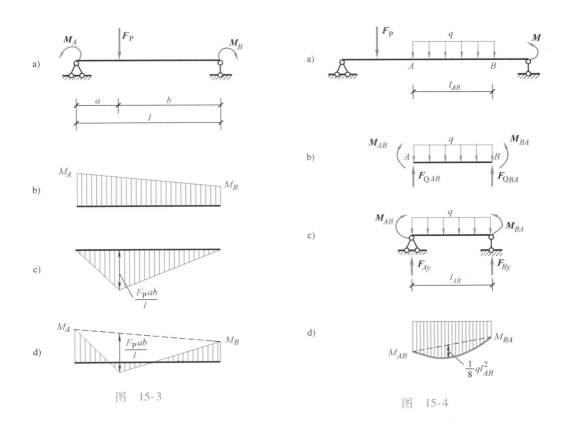

图　15-3　　　　　　　　　　　　　　　　图　15-4

例 15-1　试作图 15-5a 所示外伸梁的内力图。

解　（1）求支座反力。以整体梁为隔离体，利用平衡条件

$\sum F_x = 0$ 得　　$F_{Ax} = 0$

$\sum M_A = 0$ 得　$F_{By} \times 8\text{m} - (20 \times 4 \times 2)\text{kN} \cdot \text{m} -$
$(40 \times 6)\text{kN} \cdot \text{m} - (20 \times 10)\text{kN} \cdot \text{m} = 0$

$$F_{By} = 75\text{kN}(\uparrow)$$

$\sum F_y = 0$ 得

$$F_{Ay} + F_{By} - (20 \times 4)\text{kN} - 40\text{kN} - 20\text{kN} = 0$$
$$F_{Ay} = 65\text{kN}\ (\uparrow)$$

（2）作剪力图。根据梁上的外力情况，将梁分成 AC、CD、DB、BE 四段。先由各段荷载情况判断剪力图的形状，再用截面法算出各控制截面的剪力值。

$$F_{QAC} = 65\text{kN}$$
$$F_{QCA} = (65 - 20 \times 4)\text{kN} = -15\text{kN}$$
$$F_{QDB} = (20 - 75)\text{kN} = -55\text{kN}$$
$$F_{QBD} = 20\text{kN}$$
$$F_{QEB} = 20\text{kN}$$

然后可作出剪力图，如图 15-5b 所示。

（3）作弯矩图。选择 A、C、D、B、E 作为控制截面，用截面法算出各控制截面的弯矩值。

$$M_{AC} = 0$$
$$M_{CA} = M_{CD} = (65 \times 4 - 20 \times 4 \times 2)\text{kN} \cdot \text{m} = 100\text{kN} \cdot \text{m}$$
$$M_{DC} = M_{DB} = (75 \times 2 - 20 \times 4)\text{kN} \cdot \text{m} = 70\text{kN} \cdot \text{m}$$
$$M_{BD} = M_{BE} = -(20 \times 2)\text{kN} \cdot \text{m} = -40\text{kN} \cdot \text{m}$$
$$M_{EB} = 0$$

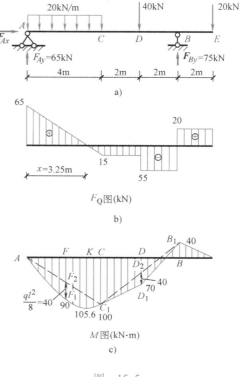

图　15-5

在 CD、DB、BE 段上无荷载作用，弯矩图为直线，利用上面求出的弯矩值，可作出这三个区段的弯矩图。在 AC 段，其上有均布荷载作用，可按区段叠加法来作弯矩图，以 AC_1 为基线（图 15-5c），叠加以 AC 为跨度的相应简支梁在均布荷载作用下的弯矩图，即作出抛物线 AF_1C_1，区段中点的竖标 F_1F_2 值为 $\left(\dfrac{1}{8} \times 20 \times 4^2\right)\text{kN} \cdot \text{m} = 40\text{kN} \cdot \text{m}$。截面 F 的最后弯矩值为

$$M_F = \left(\frac{1}{2} \times 100 + 40\right)\text{kN} \cdot \text{m} = 90\text{kN} \cdot \text{m}$$

为了确定最大弯矩值 $M_{\max}$，应将剪力为零处（截面 K）的位置求出。

由 $\dfrac{65}{15} = \dfrac{x}{4-x}$，得 $x = 3.25\text{m}$，故

$$M_{\max} = \left(65 \times 3.25 - 20 \times 3.25 \times \frac{3.25}{2}\right)\mathrm{kN} \cdot \mathrm{m} = 105.6\mathrm{kN} \cdot \mathrm{m}$$

最后弯矩图如图 15-5c 所示。

注意：在截面 C 处，因无集中力作用，故 $F_{QCA} = F_{QCD}$，由关系式 $\dfrac{\mathrm{d}M}{\mathrm{d}x} = F_Q$ 可知，CA 段和 CD 段的弯矩图在截面 C 处应具有相同的切线斜率，即在图 15-5c 所示弯矩图上，C_1D_1 应在 C_1 处与曲线 AF_1C_1 相切。

在划分区段时，可以不必限于无荷载区和均布荷载区这两种情况，凡便于按区段叠加法作弯矩图的杆段（如只有一个集中力、一个集中力偶的杆段等），均可作为一个区段来处理，以减少区段的数目而简化计算。如对于本例，可只取 AC、CB、BE 三个区段来作弯矩图，其中 CB 段的弯矩图可以虚线 B_1C_1 为基线叠加一个相应简支梁在跨中集中力作用下的弯矩图而得到，其计算结果如下：

$$\overline{D_1D_2} = \left(\frac{40 \times 4}{4}\right)\mathrm{kN} \cdot \mathrm{m} = 40\mathrm{kN} \cdot \mathrm{m}$$

$$M_D = \left(\frac{100 - 40}{2} + 40\right)\mathrm{kN} \cdot \mathrm{m} = 70\mathrm{kN} \cdot \mathrm{m}$$

与前述直接计算所得弯矩相同。

叠加法作弯矩图不能直接确定极值弯矩，而一般情况下能确定区段跨中弯矩。

二、斜梁

房屋建筑中的楼梯，如果采用梁式结构方案，则支承踏步板的边梁为一斜梁（图 15-6a）。实际工程计算中常将楼梯斜梁的两端按简支条件处理，其计算简图如图 15-6b 所示。

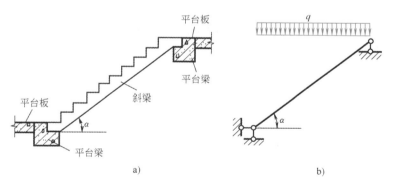

图　15-6

这里需要指出的是：斜梁上的荷载表示方法有两种，一种是沿梁的轴线方向分布，如斜梁自重及扶手重（图 15-7a）；另一种沿水平方向分布，如踏步传来的荷载（图 15-7b）。现行荷载规范的标准活载，都以沿水平方向分布给出。为了计算方便，常需将沿轴线方向分布的荷载换算成沿水平方向分布的荷载。换算时，可认为沿轴线方向分布的荷载总量与对应的沿水平方向分布的荷载总量一样，列出等式 $q_1 l_1 = ql$，则可得出沿轴线方向分布的荷载集度 q_1 和沿水平方向分布的荷载集度 q 之间的关系：

$$q = \frac{q_1 l_1}{l} = \frac{q_1 l_1}{l_1 \cos\alpha} = \frac{q_1}{\cos\alpha}$$

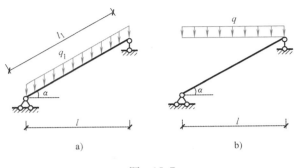

图 15-7

关于简支斜梁的内力计算原理和方法，与简支水平梁相同，只是其内力增加了轴力。为了便于理解和记忆，下面将两者对照讨论。

图 15-8a 所示简支斜梁，轴线的倾斜角为 α，水平跨度为 l，作用于梁上的均布荷载 q 是沿水平方向分布的。图 15-8b 为一根与此斜梁相对应的简支水平梁（跨度、荷载均相同）。

现讨论简支斜梁计算中的两个问题，并同时与简支水平梁比较。

1. 简支斜梁的内力表达式

在对斜梁进行内力计算以前，仍然先求支座反力。

取整体为隔离体，利用平衡条件 $\sum F_x = 0$，$\sum F_y = 0$，$\sum M_A = 0$ 得

$$F_{Ax} = 0 \qquad F_{Ay} = \frac{ql}{2}(\uparrow) \qquad F_{By} = \frac{ql}{2}(\uparrow)$$

可见，简支斜梁的支座反力与相应简支水平梁的支座反力相同。

下面求斜梁任一横截面 K 的内力，任一截面 K 的位置以 x 表示。取截面左部分为隔离体，如图 15-8c 所示。

由隔离体的平衡条件可得

$$M_K = \frac{ql}{2}x - \frac{1}{2}qx^2 \qquad\qquad (a)$$

$$F_{QK} = \left(\frac{ql}{2} - qx\right)\cos\alpha \qquad\qquad (b)$$

$$F_{NK} = -\left(\frac{ql}{2} - qx\right)\sin\alpha \qquad\qquad (c)$$

由式（a）可知，斜梁 M 图为一抛物线，中点弯矩为 $\frac{ql^2}{8}$，任一截面弯矩（图 15-8e）与相应水平梁弯矩（图 15-8f）相同。如果用 M_K^0 表示相应简支水平梁的弯矩，则

$$M_K = M_K^0$$

由式（b）可知，F_Q 图为一斜直线，且由于相应简支水平梁的剪力 $F_{QK}^0 = \frac{ql}{2} - qx$，所以式（b）可表示为

$$F_{QK} = F_{QK}^0\cos\alpha$$

由式（c）可知，F_N 图为一斜直线，且可以表示为

$$F_{NK} = -F_{QK}^0\sin\alpha$$

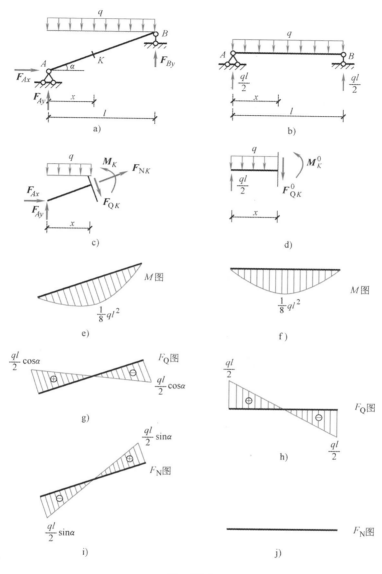

图 15-8

2. 简支斜梁内力图的绘制

作斜梁的内力图时，通常都以杆轴线为基线，且内力图竖标与梁轴垂直。和水平梁一样，斜梁的 F_Q 图、F_N 图应注明正、负号，弯矩图应作在受拉纤维的一侧，如图 15-8e、g、i 分别为斜梁的 M 图、F_Q 图和 F_N 图。图 15-8f、h、j 分别为相应简支水平梁的 M 图、F_Q 图和 F_N 图。

三、多跨静定梁

1. 多跨静定梁的几何组成特点

多跨静定梁是由若干根梁用铰相连，并用若干支座与基础相连而组成的静定结构。在工程结构中，常用它来跨越几个相连的跨度。如房屋建筑中的木檩条（图 15-9a）和公路桥梁

（图15-9d）的主要承重结构常采用这种结构形式，图15-9b、e分别为其计算简图。

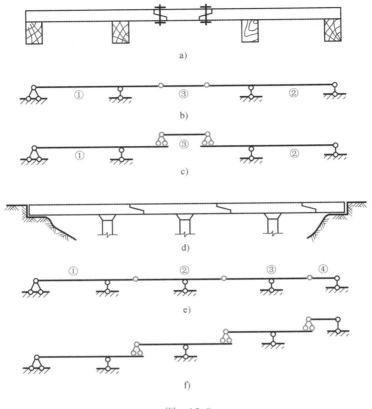

图　　15-9

　　从多跨静定梁的几何组成来看，它们都可分为基本部分和附属部分。所谓基本部分，是指不依赖于其他部分的存在，独立地与基础组成一个几何不变体系的部分，或者说本身就能独立地承受荷载并能维持平衡的部分。所谓附属部分是指需要依赖基本部分才能保持其几何不变性的部分。如在图15-9e中，①是外伸梁，它本身就是一个几何不变体系，可单独承受荷载并维持平衡，故为基本部分；而②、③、④只有依赖于①才能承受荷载，维持平衡，因而均为附属部分。显然，若附属部分被破坏或撤除，基本部分仍为几何不变体系；反之，若基本部分被破坏，则附属部分必随之连同破坏。为了更清晰地表示各部分之间的支承关系，可以把基本部分画在下层，而把附属部分画在上层，如图15-9f所示，这种图形称为层次图。对图15-9b所示的梁，如果仅承受竖向荷载作用，则不但①能独立承受荷载维持平衡，②也能独立承受荷载维持平衡。①和②都可分别视为基本部分，③为附属部分，其层次图如图15-9c所示。

　　2. 分析多跨静定梁的原则和步骤

　　把多跨静定梁的基本部分和附属部分用层次图表示后，多跨静定梁就被拆成了若干单跨静定梁。从力的传递来看，荷载作用在基本部分时，将只有基本部分受力，附属部分不受力。当荷载作用于附属部分时，则不仅附属部分受力，而且由于它是支承在基本部分上的，其约束力将通过铰接处反方向传给基本部分，因而使基本部分也受力。因此多跨静定梁的计算顺序应该是先附属部分，后基本部分，也就是说与几何组成的分析顺序相反。遵循这样的顺序进行计算，则每次的计算都与单跨静定梁相同，最后把各单跨静定梁的内力图连在一起，就得到了多跨静定梁的内力图。

这种先附属部分后基本部分的计算原则，也适用于由基本部分和附属部分组成的其他类型的结构。

由上述可知，分析多跨静定梁的步骤可归纳为：

1）先确定基本部分，再确定附属部分，然后按照附属部分依赖于基本部分的原则，作出层次图。

2）根据所作层次图，先从最上层的附属部分开始，依次计算各梁的约束力。

3）按照作单跨梁内力图的方法，分别作出各根梁的内力图，然后再将其连在一起，即得多跨静定梁的内力图。

例 15-2 作图 15-10a 所示多跨静定梁的弯矩图和剪力图。

解 （1）AB 为基本部分，BC 为附属部分，作层次图如图 15-10b 所示。计算时应从附属部分 BC 梁开始，然后再计算 AB 梁。

（2）按照上述顺序，依次计算各单跨梁的约束力，它们各自的隔离体图分别如图15-10c、d 所示。整个计算过程不再详述，结果如图 15-10c、d 所示。

（3）作内力图。根据各梁的荷载及约束力情况，分别画出各梁的弯矩图和剪力图，最后把它们连成一体，即得多跨静定梁的弯矩图和剪力图，如图 15-10e、f 所示。

例 15-3 作图 15-11a 所示多跨静定梁的内力图。

解 AC、DF 为基本部分，CD 为附属部分，层次图如图 15-11b 所示。可以看出，只有 DF 基本部分作用着荷载，其余的基本部分或附属部分都没有荷载作用，故 AC、CD 部分内力为零，只有 DF 部分有内力。其计算结果如图 15-11c、d 所示，此多跨静定梁的内力图如图 15-11e、f 所示。

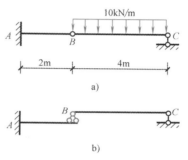

a)

b)

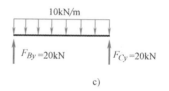

c)

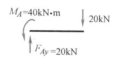

d)

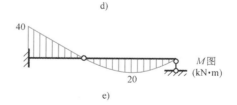

e)

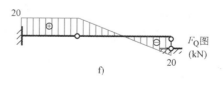

f)

图 15-10

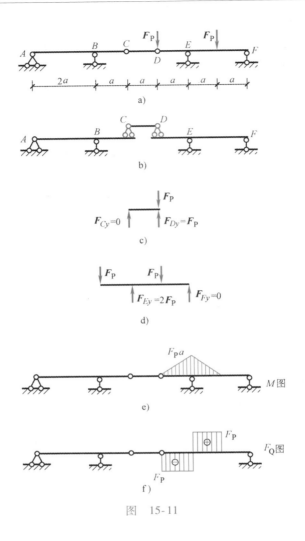

图 15-11

通过上述例子，容易理解：

1）加于基本部分的荷载只使基本部分受力，而附属部分不受力，加于附属部分的荷载，可使基本部分和附属部分同时受力。

2）集中力作用于基本部分与附属部分相连的铰上时，此外力只对该基本部分起作用，对附属部分不起作用，即可以把作用于铰结点上的集中力直接作用在基本部分上分析。

第二节 静定平面刚架

一、刚架的特点

由直杆组成的具有刚结点的结构称为刚架。当刚架的各杆轴线都在同一平面内而且外力也可简化到这个平面内时，称为平面刚架。

图 15-12a 为一平面刚架，其 B 和 C 是刚结点。由前述知，刚结点的特性是在荷载作用下，汇交于同一结点上各杆之间的夹角在结构变形前后保持不变。如图 15-12a 中 B、C 两

结点，变形前汇交于两结点的各杆相互垂直，变形后仍应相互垂直。如把图 15-12a 中刚结点改为铰结点，所得体系如图 15-12b 所示，则是可变体系。要使它成为几何不变体系则需增加图中虚线所示的 AC 杆。可见，刚架依靠刚结点可用较少的杆件便能保持其几何不变性，而且其内部空间大，便于使用。从内力角度来看，刚结点往往使得杆件的内力分布变得均匀一些。图 15-13a、b 分别给出了梁柱体系和同等跨度的刚架在均布荷载作用下的弯矩图，从中可以看出，由于刚结点能承受弯矩，故使横梁跨中弯矩的峰值得到削减。

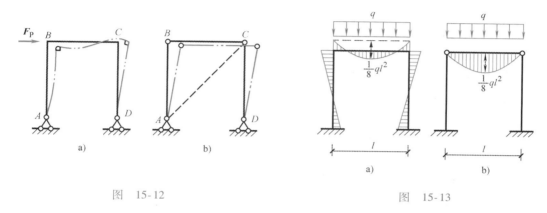

图 15-12   图 15-13

二、静定平面刚架的类型

凡由静力平衡条件即可确定全部反力和内力的平面刚架，称为静定平面刚架，静定平面刚架主要有以下三种类型：

1）悬臂刚架，如图 15-14a 所示站台雨棚。

2）简支刚架，如图 15-14b 所示渡槽。

3）三铰刚架，如图 15-14c 所示小型仓库结构。

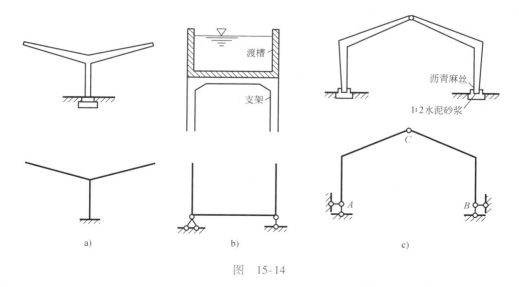

图 15-14

工程中大量采用的平面刚架大多数是超静定的，如图 15-15a、b 所示的门式刚架和多跨多层刚架等。而超静定平面刚架的分析又是以静定平面刚架分析为基础的，所以掌握静定平面刚架的内力分析方法具有十分重要的意义。

三、静定平面刚架的内力分析

刚架的各杆主要以弯曲变形为主，故有梁式杆之称。因此刚架的内力计算方法原则上与静定梁相同，只是多了一项轴力计算，前述有关梁内力图的绘制方法，对于刚架中的每一杆件同样适用。

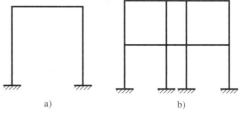

图　15-15

在刚架中，规定弯矩图画在杆件受拉一侧，而不注正负号。剪力正负号规定与梁相同，轴力仍以拉力为正、压力为负，剪力图和轴力图可画在杆件的任一侧，但必须注明正负号。

为了明确表示各杆端内力，规定在杆端内力字母右下角采用两个脚标，第一个脚标表示该内力所属杆端，第二个脚标表示该杆段的另一端。例如 M_{AB} 表示 AB 杆 A 端截面的弯矩，M_{BA} 则表示 AB 杆 B 端截面的弯矩；F_{QCD} 表示 CD 杆 C 端的剪力。

例 15-4　作图 15-16a 所示刚架的内力图。

解　悬臂刚架的内力计算与悬臂梁基本相同，一般从自由端开始，逐杆计算各杆端内力，结合杆上荷载即可作出内力图。对这种刚架可以不求支座反力。

（1）求各杆控制截面的内力。先考虑 AB 杆，取隔离体如图 15-16e 所示，求 AB 杆 B 端内力。

由 $\sum M_B = 0$ 得 $\qquad M_{BA} + (10 \times 1)\ \text{kN} \cdot \text{m} = 0$

$$M_{BA} = -10\text{kN} \cdot \text{m}（左侧受拉）$$

由 $\sum F_x = 0$ 得 $\qquad F_{QBA} + 10\text{kN} = 0$

$$F_{QBA} = -10\text{kN}$$

由 $\sum F_y = 0$ 得 $\qquad F_{NBA} = 0$

再求 BC 杆控制截面的内力。取隔离体如图 15-16f 所示，求 BC 杆 B 端内力。

由 $\sum M_B = 0$ 得 $\qquad M_{BC} + 10\text{kN} \cdot \text{m} = 0$

$$M_{BC} = -10\text{kN} \cdot \text{m}（上侧受拉）$$

由 $\sum F_x = 0$ 得 $\qquad F_{NBC} + 10\text{kN} = 0$

$$F_{NBC} = -10\text{kN}（压力）$$

由 $\sum F_y = 0$ 得 $\qquad F_{QBC} = 0$

再取 ABC 部分为隔离体（图 15-16g），求 BC 杆 C 端内力。

由 $\sum M_C = 0$ 得 $\qquad M_{CB} + (10 \times 1)\ \text{kN} \cdot \text{m} = 0$

$$M_{CB} = -10\text{kN} \cdot \text{m}（上侧受拉）$$

由 $\sum F_y = 0$ 得 $\qquad F_{QCB} = 0$

由 $\sum F_x = 0$ 得 $\qquad F_{NCB} + 10\text{kN} = 0$

$$F_{NCB} = -10\text{kN}（压力）$$

再求 CD 杆控制截面的内力。由隔离体（图 15-16h）的平衡条件，求得 C 端内力为

$$M_{CD} = (10 \times 1)\text{kN} \cdot \text{m} = 10\text{kN} \cdot \text{m}（右侧受拉）$$

$$F_{QCD} = 10\text{kN}$$

$$F_{NCD} = 0$$

由隔离体（图 15-16i）的平衡条件，求得 D 端内力为

$$M_{DC} = 30\text{kN} \cdot \text{m}(左侧受拉)$$

$$F_{QDC} = 10\text{kN}$$

$$F_{NDC} = 0$$

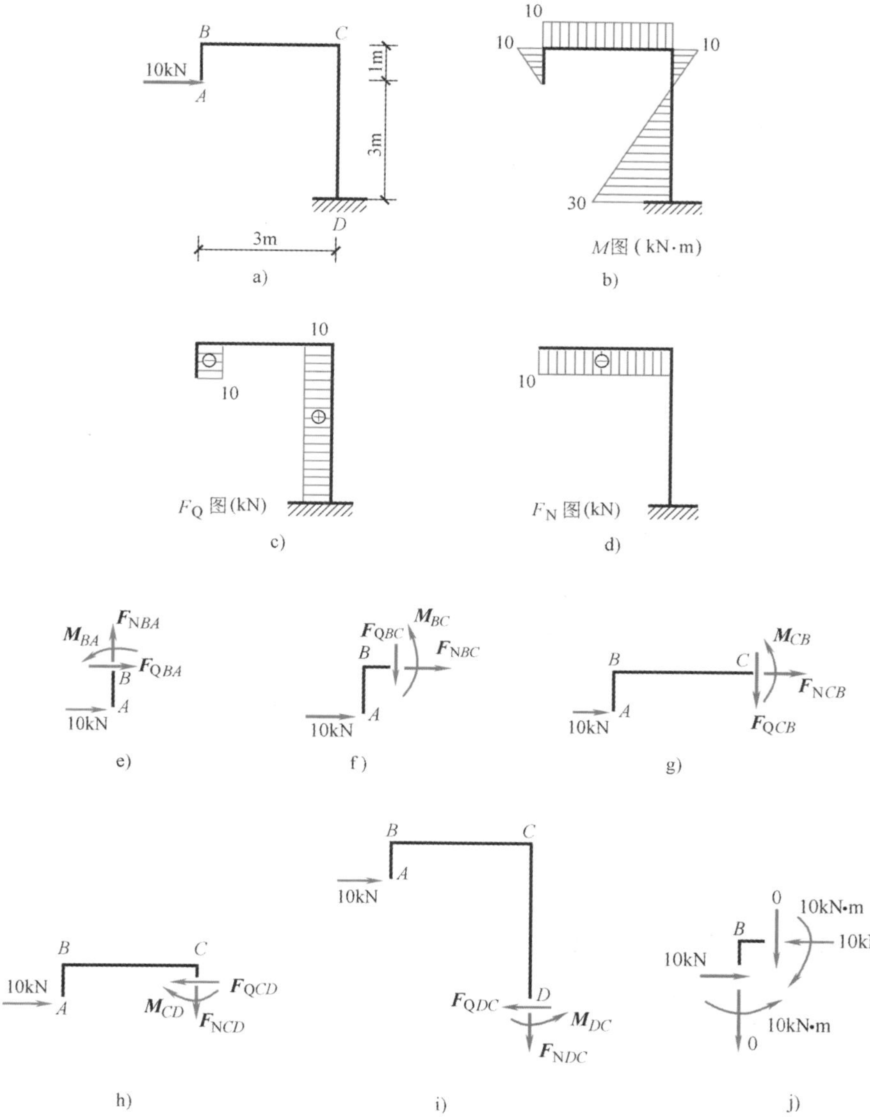

图　15-16

（2）作内力图。

1）作弯矩图。各杆的弯矩图均可按单跨静定梁作出，即根据以上求得的各杆件控制截面的弯矩，在无荷载作用的杆段上直接用直线连接两端弯矩即为该杆段弯矩图；在有荷载作用的杆段上，应用区段叠加法作出弯矩图，由此得到整个刚架的弯矩图（图 15-16b）。

2）作剪力图。作剪力图时仍逐杆进行，根据已求出的控制截面剪力，即可比照单跨静定梁来作出剪力图（图 15-16c）。

3）作轴力图。作轴力图依然逐杆进行，根据已求出的控制截面轴力，即可直接作出各杆的轴力图（图 15-16d）。

（3）校核。因为刚架计算比较复杂，为了防止出错，应及时进行校核，至少在全部内力图作出后，要校核一次。校核时，取一结点或一杆件（此结点或杆件在计算各控制截面的内力时没有用过，且最好是内力复杂又与多根杆件相连的）为隔离体，画出受力图，利用平衡方程检查它们是否满足平衡条件。满足表示计算无误（因为整个结构平衡，结构的任一部分也应平衡），不满足表示计算有误，应再重新计算。

如取图 15-16a 中结点 B 杆为隔离体，其受力图如图 15-16j（因杆端内力已知，在画受力图时应按实际方向）所示。由

$$\sum M_B = (10 - 10)\,\text{kN} \cdot \text{m} = 0$$
$$\sum F_y = 0 - 0 = 0$$
$$\sum F_x = (10 - 10)\,\text{kN} = 0$$

可知计算无误。

注意：在计算各杆控制截面的内力时，可以截取隔离体，由平衡条件求得，也可根据截面法求内力的规律直接写出各控制截面的内力。

应该指出，刚结点处力矩平衡，凡只有两杆汇交的刚结点，若结点上无外力偶作用，则两杆端弯矩必大小相等且同侧受拉（人们把这种情况很形象地称为刚结点处传递弯矩）。例 15-4 中刚架的结点 B 和 C 就属这种情况。在以后画刚架弯矩图时可利用这个特点，简化计算。

例 15-5 作图 15-17a 所示刚架的内力图。

解 （1）计算支座反力。此刚架为一简支刚架，支座反力只有 3 个，由刚架的整体平衡方程可求得

$$F_{Ay} = 44\text{kN}(\uparrow) \qquad F_{Bx} = 48\text{kN}(\rightarrow) \qquad F_{By} = 28\text{kN}(\downarrow)$$

（2）求各杆控制截面的内力。求各杆控制截面的内力时，可以取隔离体由平衡条件求得，也可根据截面法的规律，由截面任一侧（外力少的一侧较好）的外力（包括支座反力）直接写出各控制截面的内力（不画受力图）。

确定 CD 杆 C 端内力，以 C 截面以上部分分析，得

$$M_{CD} = \left(8 \times 3 \times \frac{3}{2}\right)\text{kN} \cdot \text{m} = 36\text{kN} \cdot \text{m}\ （右侧受拉）$$

$$F_{QCD} = -(8 \times 3)\text{kN} = -24\text{kN}$$

$$F_{NCD} = 0$$

确定 AC 杆件 C 端内力，以 C 截面左边部分分析，得

$$M_{CA} = (44 \times 4 - 16 \times 2)\text{kN} \cdot \text{m} = 144\text{kN} \cdot \text{m}（下侧受拉）$$

$$F_{QCA} = (44 - 16)\text{kN} = 28\text{kN}$$

$$F_{NCA} = 0$$

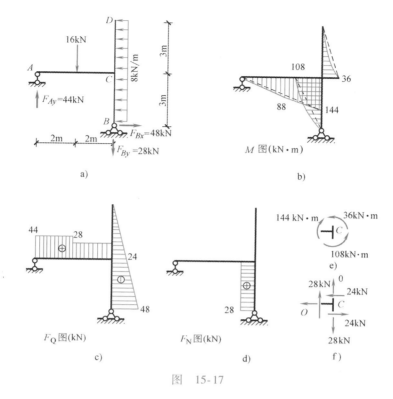

图　15-17

A 为可动铰支座，所以

$$M_{AC} = 0$$

$$F_{QAC} = 44\text{kN}$$

$$F_{NAC} = F_{NCA} = 0$$

确定 BC 杆控制截面的内力，以 C 截面以下部分分析，得

$$M_{CB} = \left(48 \times 3 - 8 \times 3 \times \frac{3}{2}\right)\text{kN} \cdot \text{m} = 108\text{kN} \cdot \text{m}(\text{左侧受拉})$$

$$F_{QCB} = (8 \times 3 - 48)\text{kN} = -24\text{kN}$$

$$F_{NCB} = 28\text{kN}(\text{拉})$$

B 为铰支端，所以

$$M_{BC} = 0$$

$$F_{QBC} = -48\text{kN}$$

$$F_{NBC} = F_{NCB} = 28\text{kN}(\text{拉})$$

（3）作内力图。

弯矩图如图 15-17b 所示、剪力图如图 15-17c 所示、轴力图如图 15-17d 所示。

（4）校核。图 15-17e 所示为结点 C 各杆杆端弯矩，由

$$\sum M_C = (144 - 108 - 36)\text{kN} \cdot \text{m} = 0$$

可知，它能满足结点 C 的力矩平衡条件。

图 15-17f 所示为结点 C 各杆杆端的剪力和轴力，由

$$\sum F_x = (24 - 24) \text{ kN} = 0$$

$$\sum F_y = (28 - 28) \text{ kN} = 0$$

可知计算无误。

例 **15-6**　试作图 15-18a 所示三铰刚架的内力图。

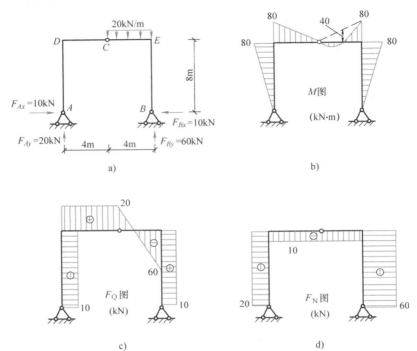

图　15-18

解　（1）计算支座反力。由刚架整体平衡方程 $\sum M_A = 0$，$\sum F_y = 0$，$\sum F_x = 0$ 可得

$$F_{By} = 60\text{kN}(\uparrow) \qquad F_{Ay} = 20\text{kN}(\uparrow) \qquad F_{Ax} = F_{Bx}$$

取 AC 部分为隔离体，由 $\sum M_C = 0$ 得

$$F_{Ax} = 10\text{kN}(\rightarrow) \qquad F_{Bx} = 10\text{kN}(\leftarrow)$$

（2）作 M 图。

各杆控制截面弯矩为

$$M_{AD} = 0$$

$$M_{DA} = M_{DC} = (10 \times 8)\text{kN} \cdot \text{m} = 80\text{kN} \cdot \text{m}(外侧受拉)$$

$$M_{CD} = 0$$

$$M_{BE} = 0$$

$$M_{EB} = M_{EC} = (10 \times 8)\text{kN} \cdot \text{m} = 80\text{kN} \cdot \text{m}(外侧受拉)$$

$$M_{CE} = 0$$

M 图如图 15-18b 所示。其中杆 CE 的 M 图是按区段叠加法作出的，其中点弯矩值为

$$\left(-\frac{1}{2} \times 80 + \frac{1}{8} \times 20 \times 4^2 \right)\text{kN} \cdot \text{m} = 0$$

（3）作 F_Q 图。

各杆控制截面剪力为

$$F_{QAD} = F_{QDA} = -10\text{kN}$$
$$F_{QBE} = F_{QEB} = 10\text{kN}$$
$$F_{QDC} = F_{QCD} = 10\text{kN}$$
$$F_{QCE} = 20\text{kN}$$
$$F_{QEC} = -60\text{kN}$$

F_Q 图如图 15-18c 所示。

（4）作 F_N 图。

各杆控制截面轴力为

$$F_{NAD} = F_{NDA} = -20\text{kN}$$
$$F_{NBE} = F_{NEB} = -60\text{kN}$$
$$F_{NDC} = F_{NCD} = -10\text{kN}$$
$$F_{NCE} = F_{NEC} = -10\text{kN}$$

F_N 图如图 15-18d 所示。

例 15-7　作图 15-19a 所示刚架的弯矩图。

解　（1）求约束力。该刚架的几何组成比较复杂，解决这一问题的途径之一是把力学分析和几何组成分析结合起来考虑。这在分析杆系结构时是非常重要的。

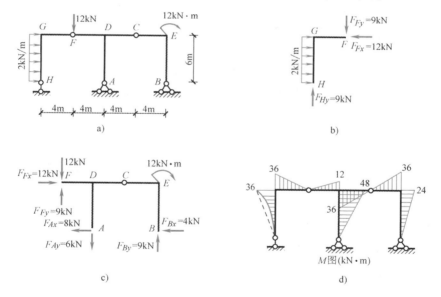

图　15-19

通过对该刚架的几何组成分析可知，*ABC* 为三铰刚架，是一个扩大的基础，然后再用铰 *F* 和 *H* 处的支座链杆把刚片 *FGH* 连在此几何不变部分上。因此，*AFDCEB* 部分为基本部分，而 *FGH* 则为附属部分。根据第十五章第一节中所述，计算应先从附属部分着手，然后才是基本部分。于是先把 *FGH* 部分作为隔离体（图 15-19b），根据该隔离体的平衡条件可得

$$F_{Fx} = 12\text{kN}(\leftarrow) \qquad F_{Fy} = 9\text{kN}(\downarrow) \qquad F_{Hy} = 9\text{kN}(\uparrow)$$

再取基本部分为隔离体，如图 15-19c 所示，其上外力除了原始荷载和支座反力外，还有附属部分传来的约束力 F_{Fx}、F_{Fy}。由整体平衡条件可得

$$F_{By} = 9kN(\uparrow) \qquad F_{Ay} = 6kN(\downarrow)$$

再以 BC 为隔离体，由平衡条件求得

$$F_{Bx} = 4kN(\leftarrow) \quad F_{Cx} = 4kN(\rightarrow) \quad F_{Cy} = 9kN(\downarrow)$$

由基本部分整体平衡条件求得

$$F_{Ax} = 8kN(\leftarrow)$$

（2）作 M 图。各杆控制截面的弯矩为

HG 杆
$$M_{HG} = 0$$
$$M_{GH} = (2 \times 6 \times 3) \ kN \cdot m = 36kN \cdot m \ （外侧受拉）$$

GF 杆
$$M_{GF} = 36kN \cdot m \ （上侧受拉）$$
$$M_{FG} = 0$$

DF 杆
$$M_{FD} = 0$$
$$M_{DF} = (3 \times 4) \ kN \cdot m = 12kN \cdot m \ （上侧受拉）$$

AD 杆
$$M_{AD} = 0$$
$$M_{DA} = 8 \times 6kN \cdot m = 48kN \cdot m \ （右侧受拉）$$

DC 杆
$$M_{CD} = 0$$
$$M_{DC} = 9 \times 4kN \cdot m = 36kN \cdot m \ （下侧受拉）$$

CE 杆
$$M_{CE} = 0$$
$$M_{EC} = 9 \times 4kN \cdot m = 36kN \cdot m \ （上侧受拉）$$

BE 杆
$$M_{BE} = 0$$
$$M_{EB} = 4 \times 6kN \cdot m = 24kN \cdot m \ （外侧受拉）$$

作 M 图（图 15-19d）。

静定刚架的内力计算是重要的基本内容，它不仅是静定刚架强度计算的依据，而且是分析超静定刚架内力和位移的基础，尤其是弯矩图，以后应用很广，读者务必通过足够的练习切实掌握其作法。作弯矩图时应注意：

1）刚结点处力矩应平衡。

2）铰结点处无力偶作用弯矩必为零。

3）无荷载的区段弯矩图为直线。

4）有均布荷载的区段，弯矩图为曲线，曲线的凸向与均布荷载的指向一致。

5）要注意利用弯矩、剪力与荷载集度之间的微分关系。

6）运用区段叠加法作弯矩图。

掌握上述几点，可以在不求或少求支座反力的情况下，迅速作出弯矩图。

例 15-8　作图 15-20a 所示刚架的弯矩图。

分析　这个刚架可以分解为三根杆 AC、CD、DB，由于 A 端与 B 端是铰支座（且无力偶作用），所以弯矩为零。如能求得 M_{CA} 和 M_{DB}，则可以把整个刚架的弯矩图作出来。而竖向支座反力不影响 M_{CA} 和 M_{DB}，所以该刚架只需求出水平支座反力即可。

解 由刚架的整体平衡条件得

$$F_{Ax} = 10\text{kN}(\rightarrow)$$

以 AC 为隔离体，得

$$M_{CA} = (10 \times 6)\text{kN} \cdot \text{m} = 60\text{kN} \cdot \text{m}(外侧受拉)$$

以 BD 为隔离体，得

$$M_{DB} = (10 \times 3)\text{kN} \cdot \text{m} = 30\text{kN} \cdot \text{m}(外侧受拉)$$

两竖杆的弯矩图可作出（图 15-20b）。然后根据结点 C 的力矩平衡条件（图 15-20c）可得

$$M_{CD} = 60\text{kN} \cdot \text{m}(上侧受拉)$$

再根据结点 D 的力矩平衡条件（图 15-20d）可得

$$M_{DC} = (30 - 16)\text{kN} \cdot \text{m} = 14\text{kN} \cdot \text{m}(上侧受拉)$$

至此，横梁 CD 两端的弯矩都已求得，故其弯矩图可用叠加法作出，如图 15-20b 所示。

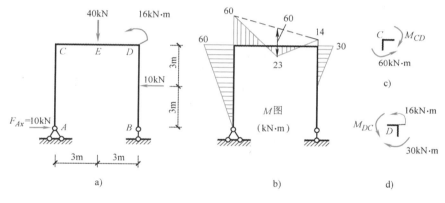

图 15-20

最后，将静定平面刚架作内力图的步骤总结如下：

1）一般先求支座反力（悬臂刚架可不求支座反力）和铰接处的约束力。当刚架组成较复杂时，最好先做几何组成分析，然后再做静力分析。

2）利用截面法求出各杆控制截面的内力。

3）按画单跨梁内力图的方法逐杆画出它们的内力图，即为刚架的内力图。

4）校核。

也可以采用如下步骤：

1）求支座反力。

2）求各杆件控制截面的弯矩，作弯矩图。

3）求各杆件控制截面的剪力，作剪力图。

4）求各杆件控制截面的轴力，作轴力图。

5）校核。

第三节　静定平面桁架

一、概述

1. 桁架的计算简图

桁架是指由若干直杆在其两端用铰连接而成的结构。在平面桁架中，通常引用如下假定：

1）各杆两端用绝对光滑而无摩擦的理想铰相互连接。

2）各杆的轴线都是绝对平直，且在同一平面内并通过铰的几何中心。

3）荷载和支座反力都作用在结点上并位于桁架平面内。

图 15-21a 就是根据上述假定作出的一个桁架的计算简图，各杆均用其轴线表示。显然可见，桁架的各杆都是只承受轴力的二力杆（图 15-21b），称它为理想桁架。由于各杆只受轴力，截面上应力是均匀分布的，可同时达到容许值，材料能得到充分利用。因而与梁相比，桁架的用料较省，自重减轻，常在大跨度结构中被采用。如图 15-22a 所示长沙体育馆的屋盖承重结构和如图 15-22b 所示南京长江大桥的主体结构都是桁架结构。

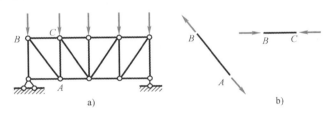

a)　　　　　　　　　　　　b)

图　15-21

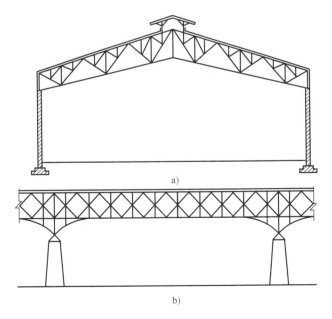

a)

b)

图　15-22

随着高层钢结构的发展，很多建筑主体结构采用了桁架。图 15-23a 所示为美国芝加哥（Chicago）的约翰·汉考克大楼，采用了锥形桁架筒承力结构；图 15-23b 所示为上海锦江饭店新楼，采用了转换层桁架传力结构。

在实际工程中，对于在结点荷载作用下各杆主要承受轴力的结构，常采用上述理想桁架作为它的计算简图。这是因为根据理想桁架分析的结果，能比较好地反映出上述结构的主要受力特征。

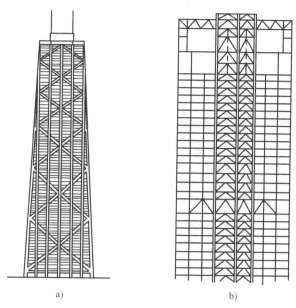

图　15-23

如图 15-24a 所示的钢屋架，图 15-24b 所示的钢筋混凝土屋架，图 15-24c 所示的钢桁架桥，其计算简图可分别为图 15-25a、b、c 所示。

实际的桁架并不完全符合上述理想情形。如钢结构中的铆接或焊接，其结点具有一定的刚性。另外，各杆轴无法绝对平直，结点上各杆的轴线也不一定完全交于一点，有时荷载不一定都作用在结点上。由于以上种种原因，桁架在荷载作用下，杆件将发生弯曲而产生附加内力。通常把桁架在理想情况下计算出来的内力称为主内力，把由于不满足理想假定而产生的附加内力称为次内力。通过理论计算和实际测量结果表明：在一般情况下，用理想桁架计算可以得到令人满意的结果，因此本节只限于讨论理想桁架的情况。

桁架的杆件，依其所在位置的不同，可分为弦杆和腹杆两大类。弦杆是指桁架上下外围的杆件，上边的杆件称为上弦杆，下边的杆件称为下弦杆。桁架上弦杆和下弦杆之间的杆件称为腹杆。腹杆又分为竖杆和斜杆。弦杆上两相邻结点之间的区间称为节间，其间距 d 称为节间长度。两支座间的水平距离 l 为跨度。支座连线至桁架最高点的距离 h 称为桁高，如图 15-25c 所示。

2. 桁架的分类

桁架可按不同的特征进行分类。

根据桁架的外形，可分为平行弦桁架、折弦桁架和三角形桁架（图 15-26a、b、c）等。

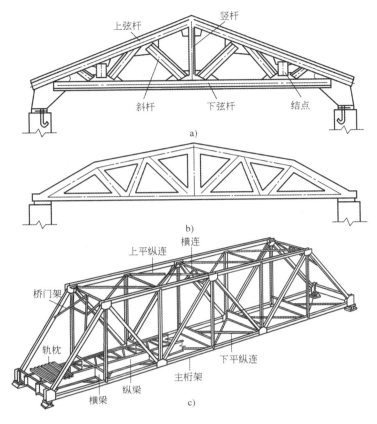

图 15-24

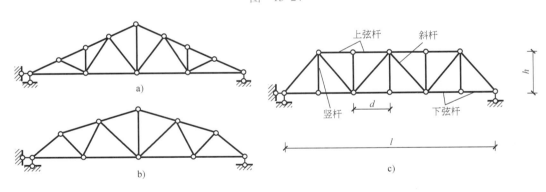

图 15-25

根据桁架的几何组成方式，可分为：

（1）简单桁架 由一个基本铰接三角形依次增加二元体而组成的桁架（图 15-26a、b、c）。

（2）联合桁架 由几个简单桁架按几何不变体系的简单组成规则而组成的桁架（图 15-26d、e）。

（3）复杂桁架 不是按上述两种方式组成的其他桁架（图 15-26f）。

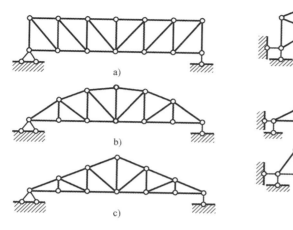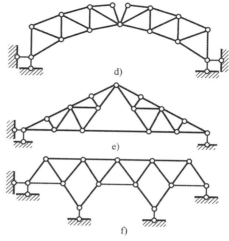

图　15-26

二、静定平面桁架的内力计算

1. 结点法

所谓结点法就是取桁架的结点为隔离体，利用结点的静力平衡条件来计算杆件内力的方法。

因为桁架各杆件都只承受轴力，作用于任一结点的力（包括荷载、约束力和杆件轴力）组成一个平面汇交力系。分析桁架时，可先由整体平衡条件求出它的支座反力，然后从两杆结点开始，依次考虑各结点的平衡，求出各杆的内力。

在计算时，通常都先假定杆件内力为拉力，若所得结果为负，则为压力。

下面举例说明结点法的应用。

例 15-9　试用结点法求图 15-27a 所示桁架各杆的内力。

解　（1）计算支座反力。由于结构和荷载均对称，故

$$F_{1y} = F_{8y} = 40\text{kN}(\uparrow)$$

（2）计算各杆的内力。支座反力求出后，可截取结点计算各杆的内力。从只含两个未知力的结点开始，这里有1、8 两个结点，现在计算左半桁架，从结点 1 开始，然后依次分析其相邻结点。

取结点 1 为隔离体（图 15-27b）。

由 $\sum F_y = 0$ 得

$$-F_{N13} \times \frac{3}{5} + 40\text{kN} = 0$$

$$F_{N13} = 66.67\text{kN}（拉）$$

由 $\sum F_x = 0$ 得

$$F_{N12} + F_{N13} \times \frac{4}{5} = 0$$

$$F_{N12} = -53.33\text{kN}（压）$$

取结点 2 为隔离体（图 15-27c）。

由 $\sum F_x = 0$ 得

$$F_{N24} + 53.33\text{kN} = 0$$

$$F_{N24} = -53.33\text{kN}（压）$$

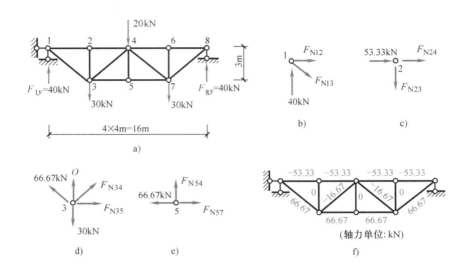

图　15-27

由 $\sum F_y = 0$ 得

$$F_{N23} = 0$$

取结点 3 为隔离体（图 15-27d）。

由 $\sum F_y = 0$ 得 　　　 $F_{N34} \times \dfrac{3}{5} + 66.67\text{kN} \times \dfrac{3}{5} - 30\text{kN} = 0$

$$F_{N34} = -16.67\text{kN}（压）$$

由 $\sum F_x = 0$ 得 　　　 $F_{N35} + F_{N34} \times \dfrac{4}{5} - 66.67\text{kN} \times \dfrac{4}{5} = 0$

$$F_{N35} = 66.67\text{kN}（拉）$$

取结点 5 为隔离体（图 15-27e）。

由 $\sum F_y = 0$ 得 　　　　　　　 $F_{N54} = 0$

由 $\sum F_x = 0$ 得 　　　　　　 $F_{N57} - 66.67\text{kN} = 0$

$$F_{N57} = 66.67\text{kN}（拉）$$

至此桁架左半边各杆的内力均已求出。继续取 8、6、7 等结点为隔离体，可求得桁架右半边各杆的内力。各杆的轴力示于图 15-27f。由该图可以看出，对称桁架在对称荷载作用下，对称位置杆件的内力也是对称的。因此，今后在解算这类桁架时，只需计算半边桁架的内力即可。

在桁架中常有一些特殊形状的结点，掌握了这些特殊结点的平衡规律，可给计算带来很大的方便。现列举几种特殊结点如下：

（1）L 形结点　**L 形结点**又称不共线的两杆结点（图 15-28a），当结点上无荷载作用时，则两杆内力皆为零。桁架中内力为零的杆件称为零杆。

（2）T 形结点　**T 形结点**是有两杆共线的三杆结点（图 15-28b），当结点上无荷载作用

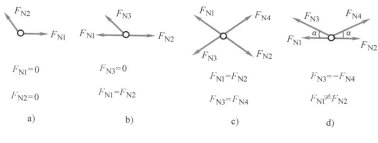

图　15-28

时，则第三杆（又称单杆）必为零杆，而共线两杆内力大小相等且性质相同（同为拉力或压力）。

（3）X 形结点　X 形结点是四杆结点且两两共线（图 15-28c），当结点上无荷载作用时，则共线两杆内力大小相等，且性质相同。

（4）K 形结点　K 形结点是四杆结点，其中两杆共线，而另外两杆在此直线同侧且夹角相等（图 15-28d），当结点上无荷载作用时，则非共线两杆内力大小相等而性质相反（一为拉力则另一为压力）。

上述各条结论，均可根据结点适当的投影平衡方程得出，读者可自行证明。在分析桁架时，宜先通过观察，利用上述结论判定出零杆或某些杆的内力（或找出某些杆件内力之间的关系），这样就可减少未知量的数目，使计算得到简化。

如图 15-29 所示桁架，图中虚线作出的各杆均为零杆。在图 15-29a 中有 $F_{N1} = F_{N2} = F_{N3}$，$F_{N4} = F_{N5} = F_{N6}$（T 形结点）；在图 15-29b 中有 $F_{N1} = F_P$，$F_{N2} = -3F_P$，$F_{N3} = -2F_P$（X 形结点）。在此基础上将使计算工作大为简化。

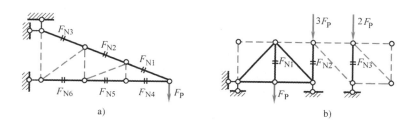

图　15-29

2. 截面法

除结点法外，计算桁架内力的另一基本方法是截面法。所谓截面法是在需求内力的杆件上作一适当的截面，将桁架截为两部分，然后任取一部分为隔离体（隔离体至少包含两个结点），根据平衡条件来计算所截杆件的内力的方法。在一般情况下，作用于隔离体上的力（包括荷载、约束力和杆件轴力）构成平面一般力系。因此，只要隔离体上的未知力数目不多于三个，则可直接把此截面上的全部未知力求出。

截面法适用于联合桁架的计算以及简单桁架中求少数指定杆件内力的情况。

例 15-10　试用截面法计算图 15-30a 所示桁架中 a、b、c 三杆内力。

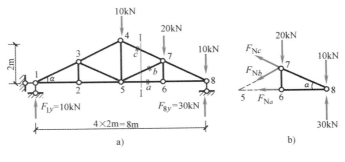

图　15-30

解　（1）求支座反力。

$$F_{1y} = 10\text{kN}\ （\uparrow）\qquad F_{8y} = 30\text{kN}\ （\uparrow）$$

（2）求指定杆件内力。用截面Ⅰ—Ⅰ假想将 a、b、c 三杆截断，取截面右边部分为隔离体（图15-30b），其中只有 $F_{\text{N}a}$、$F_{\text{N}b}$、$F_{\text{N}c}$ 三个未知量，从而可利用隔离体的三个平衡方程求解。

应用平衡方程求内力时，应注意避免解联列方程，尽量做到一个方程求解一个未知量。为求得 $F_{\text{N}a}$，可取 $F_{\text{N}b}$ 和 $F_{\text{N}c}$ 两未知力的交点7为矩心，于是

由 $\sum M_7 = 0$ 得 $\qquad -F_{\text{N}a} \times 1\text{m} - 10\text{kN} \times 2\text{m} + 30\text{kN} \times 2\text{m} = 0$

$$F_{\text{N}a} = 40\text{kN}\ （拉）$$

为了求得 $F_{\text{N}c}$，可取 $F_{\text{N}a}$、$F_{\text{N}b}$ 两力的交点5为矩心。

由 $\sum M_5 = 0$ 得 $\quad F_{\text{N}c}\sin\alpha \times 2\text{m} + F_{\text{N}c}\cos\alpha \times 1\text{m} + 30\text{kN} \times 4\text{m} - 20\text{kN} \times 2\text{m} - 10\text{kN} \times 4\text{m} = 0$

$$F_{\text{N}c} = -10\sqrt{5}\text{kN} = -22.36\text{kN}\ （压）$$

为了求得 $F_{\text{N}b}$，可取 $F_{\text{N}a}$、$F_{\text{N}c}$ 两力交点8为矩心。

由 $\sum M_8 = 0$ 得 $\qquad F_{\text{N}b}\sin\alpha \times 2\text{m} + F_{\text{N}b}\cos\alpha \times 1\text{m} + 20\text{kN} \times 2\text{m} = 0$

$$F_{\text{N}b} = -22.36\text{kN}\ （压）$$

注意：用截面法求桁架内力时，应尽量使所截杆件不超过三根。这样就可直接利用隔离体的三个平衡方程将三根杆件的内力求出。然而，在某些特殊情况下，虽然截面所截断的杆件有三根以上，但只要在被截各杆中除一杆外其余各杆均汇交于一点或均平行，则那根不与其他杆件交于一点的或不与其他杆件平行的杆件的内力仍可首先求得。如在图15-31a所示的桁架中作截面Ⅰ—Ⅰ，这时，虽然截面上包含有四个未知内力，但除 $F_{\text{N}a}$ 外，其余三个未知内力均交于 D 点，故由隔离体（图15-31b）的平衡条件 $\sum M_D = 0$，可求得 $F_{\text{N}a}$。又如图15-31c所示桁架中，作截面Ⅰ—Ⅰ，这时虽然截断四根杆件，但除 a 杆外，其余三杆互相平行，若取截面以上部分为隔离体（图15-31d），则由 $\sum F_x = 0$ 即可求得 $F_{\text{N}a}$；再作截面Ⅱ—Ⅱ，截断五根杆件，其中 $F_{\text{N}a}$ 已求出，除 b 杆外，其余三根互相平行，若取截面以右为隔离体（图15-31e），则由 $\sum F_y = 0$ 即可求得 $F_{\text{N}b}$。

3. 结点法与截面法的联合应用

结点法和截面法是求解静定平面桁架内力的两种基本方法。其实，这两种方法没有什么本质的区别，只是用截面截取的研究对象不同而已。什么地方用结点法、什么地方用截面法没有一定的规律，视具体情况而定。一般说来，对于简单桁架，需要求所有杆件内力时，用

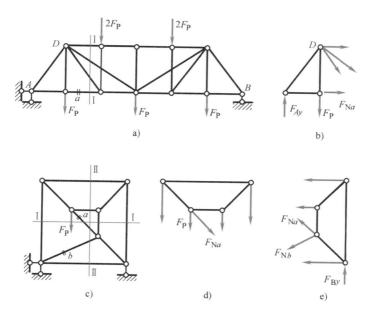

图　15-31

结点法较合适。但在工程中有时不需计算全部杆件内力，这时就用截面法，求哪些杆件内力，就用截面截断这些杆件，取其中任一部分为隔离体，利用平衡条件很容易求出这些杆件内力。另外，在有些桁架中需求几根指定杆件内力时，单一应用结点法或截面法都不能很快求出结果，或无法求出内力，如果把结点法和截面法结合起来应用，往往能收到较好的效果。在实际运算中，同一个题目往往不必固定用一种方法将计算进行到底，计算过程中哪种方法计算简单就用哪种方法。下面举几个实例加以说明。

例 15-11　试求图 15-32a 所示桁架中①、②杆的内力。

解　这是一简单桁架，用结点法可以求出全部杆件的内力，但现在只求杆①、②的内力，而用一次截面法也不能求出①、②杆内力，所以将结点法和截面法结合运用求解更为方便。

（1）求支座反力。　　　　　　　$F_{Ay} = F_{By} = 90\text{kN}$（↑）

（2）求杆①、②的内力。假想用Ⅰ—Ⅰ截面将桁架截开，取左边为隔离体（图 15-32b）。由于除了 F_{N1} 外，其余三杆未知内力都通过 D 点，故用力矩方程可求得 F_{N1}。

由 $\sum M_D = 0$ 得　$F_{N1} \times 6\text{m} + 30\text{kN} \times 4\text{m} + 15\text{kN} \times 8\text{m} - 90\text{kN} \times 8\text{m} = 0$

$$F_{N1} = 80\text{kN}（拉）$$

取结点 K 为隔离体（图 15-32c），该结点正好是 K 形结点，所以 $F_{N2} = -F_{N3}$。

再用Ⅱ—Ⅱ截面假想将桁架截开，以左边为隔离体（图 15-32d）。

由 $\sum F_y = 0$ 得　　　$-F_{N2} \times \dfrac{3}{5} + F_{N3} \times \dfrac{3}{5} - 30\text{kN} - 30\text{kN} - 15\text{kN} + 90\text{kN} = 0$

$$F_{N2} = 12.5\text{kN}（拉）$$

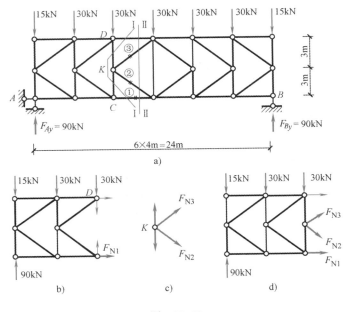

图　15-32

例 15-12　用较简捷的方法计算图 15-33a 桁架中 a、b、c 杆的内力。

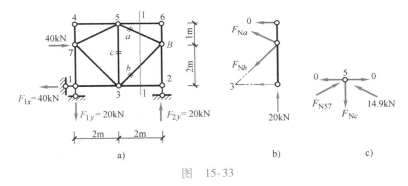

图　15-33

解　先由整体平衡方程求得支座反力。

$$F_{1x} = 40\text{kN}(\leftarrow) \qquad F_{1y} = 20\text{kN}(\downarrow) \qquad F_{2y} = 20\text{kN}(\uparrow)$$

由零杆的判定方法知：$F_{N45} = F_{N47} = F_{N56} = F_{N68} = 0$

用截面 I – I 截取桁架右边为隔离体，如图 15-33b 所示。

由 $\sum M_3 = 0$ 得　$F_{Na} \times \dfrac{1}{\sqrt{5}} \times 2\text{m} + F_{Na} \times \dfrac{2}{\sqrt{5}} \times 2\text{m} + 20\text{kN} \times 2\text{m} = 0$

则　　　　　　　　　　　$F_{Na} = -14.9\text{kN}$　（压）

由 $\sum F_y = 0$ 得　　　$-F_{Nb} \times \dfrac{\sqrt{2}}{2} + F_{Na} \times \dfrac{1}{\sqrt{5}} + 20\text{kN} = 0$

则　　　　　　　　　　　$F_{Nb} = 18.8\text{kN}$　（拉）

再以结点 5 为隔离体，如图 15-33c 所示。

由 $\sum F_x = 0$ 得 $\qquad\qquad\qquad F_{N57} = 14.9\text{kN}$ （压）

由 $\sum F_y = 0$ 得 $\qquad\qquad -F_{Nc} + \left(2 \times 14.9 \times \dfrac{1}{\sqrt{5}}\right)\text{kN} = 0$

$$F_{Nc} = 13.3\text{kN} \text{（拉）}$$

4. 几种常用平面桁架受力性能的比较

设计桁架结构时，应根据不同的情况和要求，先选定适当的桁架形式，这就必须明确桁架的形式对其内力分布和构造的影响，了解各类桁架的应用范围。

图 15-34 所示为三种常用的简支梁式桁架——平行弦桁架（图 15-34a）、三角形桁架（图 15-34b）、抛物线形桁架（图 15-34c）在上弦布满单位荷载情况下的内力分布情况。根据图示情况具体分析各桁架杆件的内力变化规律，可了解桁架的形式与内力分布的关系，以便在设计、施工中，能正确地选择桁架形式。下面就对三种桁架的内力分布加以分析比较。

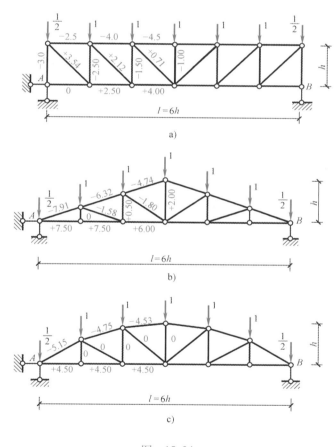

图　15-34

（1）平行弦桁架　内力分布很不均匀，上弦杆和下弦杆内力均是靠近支座处小，向跨中递增。腹杆则是靠近支座处内力大，向跨中递减。若每一节间改变截面，则增加拼接困难；若采用相同的截面，又浪费材料。但由于它在构造上有许多优点，如所有弦杆、斜杆、竖杆长度都分别相同，所有结点处相应各杆交角均相同等，利于标准化，因而仍得到广泛的应用。不过，多限于轻型桁架，这样便于采用相同截面的弦杆，而不致造成太大浪费。厂房中多用于 12m 以上的吊车梁。铁路桥梁中，由于平行弦桁架给构件制作及施工拼装都带来很多方便，故较多采用。

（2）三角形桁架　内力分布亦很不均匀，端弦杆内力很大，向跨中减小较快，且端结点处夹角很小，构造布置较为困难。但因其两面斜坡的外形符合屋顶构造要求，所以在跨度较小、坡度较大的屋盖结构中多采用三角形桁架。

（3）抛物线形桁架　内力分布均匀，在材料使用上最为经济。但其上弦杆在每一节间的倾角都不相同，结点构造较为复杂，施工不便。不过在大跨度桥梁（如 100 ~ 150m）及大跨度屋架（18 ~ 30m）中，节约材料意义较大，故常被采用。

*第四节　三　铰　拱

一、拱的形式及特点

拱结构是工程中应用比较广泛的结构形式之一，在房屋建筑、桥涵建筑和水工建筑中常被采用。拱结构的计算简图通常有三种：无铰拱（图 15-35a）、两铰拱（图 15-35b）、三铰拱（图 15-35c）。前二者为超静定结构，后者为静定结构。本节只讨论三铰拱的计算。

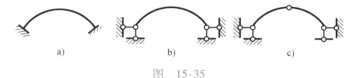

图　15-35

拱结构的特点是：杆轴为曲线，而且在竖向荷载作用下支座将产生水平反力。这种水平反力又称为水平推力，简称为推力。拱结构与梁结构的区别，不仅在于外形的不同，更重要的还在于在竖向荷载作用下是否产生水平推力。如图 15-36 所示两个结构，虽然杆轴都是曲线，但图 15-36a 所示结构在竖向荷载作用下不产生水平推力，其弯矩与相应简支梁（同跨度、同荷载的梁）的弯矩相同，这种结构不是拱结构，而是一根曲梁。但在图 15-36b 所示结构中，由于两端都有水平的支座链杆，在竖向荷载作用下将产生水平推力，所以它属于拱结构。由于推力的存在，拱中各截面的弯矩比相应简支梁的弯矩要小得多，并且会使整个拱体主要承受压力，这就使得拱截面上的应力分布较为均匀，因而更能充分发挥材料的作用，并可利用抗压性能好而抗拉性能差的材料（如砖、石、混凝土等）来建造，这是拱的主要优点。拱的主要缺点也正在于支座要承受水平推力，因而要求比梁具有更坚固的基础或支承结构，外形较梁复杂，施工困难些。可见，推力的存在与否是区别拱与梁的主要标志。凡在竖向荷载作用下会产生水平推力的结构都可称为拱式结构或推力结构。

拱的各部分名称如图 15-37 所示。拱身各横截面形心的连线称为拱轴线。拱的两端支座处称为拱趾。两拱趾间的水平距离 l 称为拱的跨度，两拱趾的连线称为起拱线。拱中间最高点称为拱顶，三铰拱中间铰通常是安置在拱顶处。拱顶到两拱趾连线的竖向距离 f 称为拱高。拱高与跨度之比 f/l 称为高跨比，它是影响拱的受力性能的主要几何参数，在实际工程中，其值一般在 $\frac{1}{10}$ ~ 1 之间。

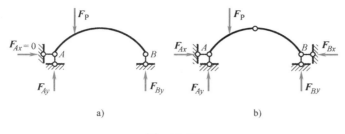

图　15-36

在拱结构中，有时在拱的两支座间设置拉杆来代替支座承受水平推力，使在竖向荷载作用下，支座只产生竖向反力。但是这种结构内部的受力性能与拱并无区别，故称为**带拉杆的拱**，如图 15-38a 所示。它的优点在于消除了推力对支承结构的影响。为了使拱下获得较大的净空，有时也将拉杆做成折线形（图 15-38b）。

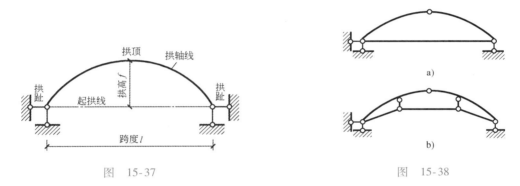

图　15-37

图　15-38

二、三铰拱的计算

三铰拱为静定结构，其全部支座反力和内力都可由平衡条件确定。现以图 15-39a 所示在竖向荷载作用下的三铰拱为例，来说明它的支座反力和内力的计算方法。为了便于比较，同时给出了同跨度、同荷载的相应简支梁（图 15-39b）与其相对照。

1. 支座反力的计算公式

三铰拱两端都是固定铰支座，共有四个未知支座反力，其支座反力计算方法与三铰刚架相同，即除了取全拱为隔离体可建立三个平衡方程外，还需取左（或右）半拱为隔离体，以中间铰 C 为矩心，根据平衡条件 $\sum M_C = 0$ 建立一个方程，从而求出所有的支座反力。

首先考虑全拱的整体平衡（图 15-39a）。

由 $\sum M_B = 0$ 得 $\qquad F_{Ay} = \dfrac{1}{l} \ (F_{P1} b_1 + F_{P2} b_2)$ （d）

由 $\sum M_A = 0$ 得 $\qquad F_{By} = \dfrac{1}{l} \ (F_{P1} a_1 + F_{P2} a_2)$ （e）

由 $\sum F_x = 0$ 得 $\qquad F_{Ax} = F_{Bx}$ （f）

令水平推力为 F_H，则 $\qquad F_H = F_{Ax} = F_{Bx}$ （g）

再取左半拱为隔离体。

由 $\sum M_C = 0$ 得 $\qquad F_{Ay} \times \dfrac{l}{2} - F_{P1} \times \left(\dfrac{l}{2} - a_1 \right) - F_H \times f = 0$

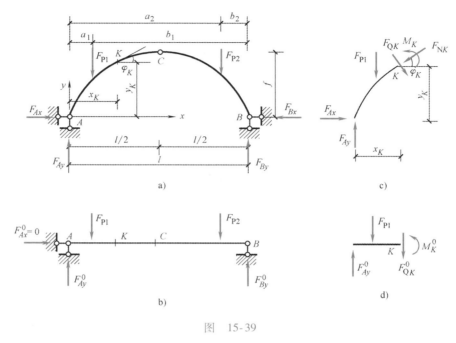

图　15-39

$$F_H = \frac{F_{Ay}\dfrac{l}{2} - F_{P1}\left(\dfrac{l}{2} - a_1\right)}{f} \qquad (h)$$

考察式（d）和式（e）的右边，可知其恰好等于相应简支梁图15-39b的支座竖向反力 F_{Ay}^0 和 F_{By}^0，而式（h）右边的分子则等于相应简支梁上与拱的中间铰处对应的截面 C 的弯矩 M_C^0，因此可将这些公式写为

$$\begin{cases} F_{Ay} = F_{Ay}^0 \\ F_{By} = F_{By}^0 \\ F_H = \dfrac{M_C^0}{f} \end{cases} \qquad (15\text{-}1)$$

由式（15-1）可知，推力 F_H 等于相应简支梁截面 C 的弯矩 M_C^0 除以拱高 f。在一定荷载作用下，推力 F_H 只与三个铰的位置有关，而与各铰间的拱轴形状无关。当荷载及拱跨不变时，推力 F_H 将与拱高 f 成反比，f 越大即拱越陡时，F_H 越小；f 越小即拱越平坦时，F_H 越大。若 $f=0$，则 $F_H = \infty$，此时三个铰已在一直线上，属于瞬变体系。

2. 内力的计算公式

计算内力时，应注意到拱轴为曲线这一特点，所取截面应与拱轴正交。任一截面 K 的位置取决于截面的坐标 x_K、y_K，以及该处拱轴切线的倾角 φ_K。截面 K 的内力包括弯矩 M_K、剪力 F_{QK} 和轴力 F_{NK}，如图 15-39c 所示。下面分别研究这三种内力的计算。

（1）弯矩的计算公式　我们规定使拱的内侧纤维受拉的弯矩为正，反之为负。于是由图 15-39c 所示隔离体求得

$$M_K = \left[F_{Ay}x_K - F_{P1}(x_K - a_1) \right] - F_H y_K$$

考虑到 $F_{Ay} = F_{Ay}^0$，可见式中方括号内之值即为相应简支梁（图 15-39d）截面 K 的弯矩 M_K^0，故上式可写为

$$M_K = M_K^0 - F_H y_K \tag{15-2}$$

即拱内任一截面的弯矩 M_K 等于相应简支梁对应截面的弯矩 M_K^0 减去推力所引起的弯矩 $F_H y_K$。可见由于推力的存在，拱的弯矩比相应简支梁的弯矩要小。

（2）剪力的计算公式　剪力的符号规定仍然是使隔离体有顺时针方向转动趋势者为正，反之为负。任一截面 K 的剪力 F_{QK} 等于该截面一侧所有外力在该截面方向上投影的代数和。由图 15-39c 可得

$$F_{QK} = F_{Ay}\cos\varphi_K - F_{P1}\cos\varphi_K - F_H\sin\varphi_K = (F_{Ay} - F_{P1})\cos\varphi_K - F_H\sin\varphi_K$$

上式中（$F_{Ay} - F_{P1}$）即为相应简支梁在截面 K 处的剪力 F_{QK}^0，于是上式可写为

$$F_{QK} = F_{QK}^0\cos\varphi_K - F_H\sin\varphi_K \tag{15-3}$$

式中，φ_K 为截面 K 处拱轴切线的倾角。在图示坐标系中，φ_K 在左半拱为正，在右半拱为负。

（3）轴力的计算公式　因拱通常受压，所以规定使截面受压的轴力为正，反之为负。任一截面 K 的轴力等于该截面一侧所有外力在该截面法线方向上投影的代数和。由图 15-39c 可知

$$F_{NK} = (F_{Ay} - F_{P1})\sin\varphi_K + F_H\cos\varphi_K$$

即
$$F_{NK} = F_{QK}^0\sin\varphi_K + F_H\cos\varphi_K \tag{15-4}$$

由式（15-3）和式（15-4）可以看出，在集中力作用处，其左右两侧截面的剪力和轴力均有突变。

由式（15-2）、式（15-3）、式（15-4）可知，三铰拱的内力值不但与荷载及三个铰的位置有关，而且与各铰间拱轴线的形状有关。有了上述公式，则不难求得任一截面的内力，从而作出三铰拱的内力图，具体做法见下例。

例 15-13　试作图 15-40a 所示三铰拱的内力图。当坐标原点在左支座时，拱轴线方程的表达式为 $y = \dfrac{4f}{l^2}(l-x)x$。

解　（1）求支座反力。根据式（15-1）可得

$$F_{Ay} = F_{Ay}^0 = \frac{80 \times 9 + 20 \times 6 \times 3}{12}\text{kN} = 90\text{kN}(\uparrow)$$

$$F_{By} = F_{By}^0 = \frac{80 \times 3 + 20 \times 6 \times 9}{12}\text{kN} = 110\text{kN}(\uparrow)$$

$$F_H = \frac{M_C^0}{f} = \frac{90 \times 6 - 80 \times 3}{4}\text{kN} = 75\text{kN}(\rightarrow\!\!\leftarrow)$$

（2）求指定截面的内力。支座反力求出后，即可按式（15-2）、式（15-3）、式（15-4）计算各截面的内力。为此，可将拱沿跨度分成八等份，然后计算各等分点截面的 M、F_Q、F_N 值。现以集中力作用处的截面 2 为例计算其内力。

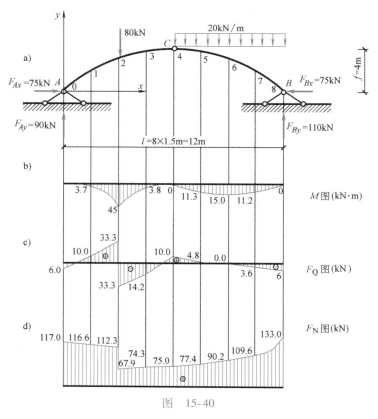

图 15-40

当 $x_2 = 3\text{m}$ 时，由拱轴线方程可求得

$$y_2 = \frac{4f}{l^2}(l - x_2) \times x_2 = \left[\frac{4 \times 4}{12^2} \times (12 - 3) \times 3\right]\text{m} = 3\text{m}$$

$$\tan\varphi_2 = \frac{\mathrm{d}y}{\mathrm{d}x} = \frac{4f}{l^2}(l - 2x_2) = \frac{4 \times 4}{12^2} \times (12 - 2 \times 3) = 0.667$$

故 $\qquad\qquad\qquad\qquad\qquad \varphi_2 = 33.7°$

于是 $\qquad\qquad\qquad\qquad \sin\varphi_2 = 0.555 \qquad \cos\varphi_2 = 0.832$

根据式（15-2）、式（15-3）、式（15-4）可得

$$M_2 = M_2^0 - F_{\mathrm{H}}y_2 = (90 \times 3 - 75 \times 3)\text{kN} \cdot \text{m} = 45\text{kN} \cdot \text{m}$$

在集中力作用处，F_{Q}^0 有突变，所以要分别计算截面 2 左右两侧的剪力和轴力。

$$F_{\mathrm{Q}2}^{\mathrm{L}} = F_{\mathrm{Q}2}^{\mathrm{0L}}\cos\varphi_2 - F_{\mathrm{H}}\sin\varphi_2 = (90 \times 0.832 - 75 \times 0.555)\text{kN} = 33.26\text{kN}$$

$$F_{\mathrm{Q}2}^{\mathrm{R}} = F_{\mathrm{Q}2}^{\mathrm{0R}}\cos\varphi_2 - F_{\mathrm{H}}\sin\varphi_2 = [(90 - 80) \times 0.832 - 75 \times 0.555]\text{kN} = -33.31\text{kN}$$

$$F_{\mathrm{N}2}^{\mathrm{L}} = F_{\mathrm{Q}2}^{\mathrm{0L}}\sin\varphi_2 + F_{\mathrm{H}}\cos\varphi_2 = (90 \times 0.555 + 75 \times 0.832)\text{kN} = 112.35\text{kN}$$

$$F_{\mathrm{N}2}^{\mathrm{R}} = F_{\mathrm{Q}2}^{\mathrm{0R}}\sin\varphi_2 + F_{\mathrm{H}}\cos\varphi_2 = [(90 - 80) \times 0.555 + 75 \times 0.832]\text{kN} = 67.95\text{kN}$$

其他各截面的计算与以上计算方法相同。为清楚起见，内力计算通常列表进行（表 15-1）。

（3）作内力图。根据表 15-1 算得的结果，以拱轴曲线的水平投影为基线，用描点法作出 M、F_{Q}、F_{N} 图，如图 15-40b、c、d 所示。

表15-1　三铰拱的内力计算

截面	y/m	$\tan\varphi_K$	$\sin\varphi_K$	$\cos\varphi_K$	F_{QK}^0 /kN	M^0_K	$-F_H y_K$	M_K	$F_{QK}^0 \cdot \cos\varphi_K$	$-F_H \cdot \sin\varphi_K$	F_{QK}	$F_{QK}^0 \cdot \sin\varphi_K$	$F_H \cdot \cos\varphi_K$	F_{NK}
						\multicolumn{3}{}{$M/$（kN·m）}			\multicolumn{3}{}{F_Q/kN}		\multicolumn{3}{}{F_N/kN}
0	0	1.333	0.800	0.600	90.0	0	0	0	54.0	-60.0	-6.0	72.0	45.0	117.0
1	1.75	1.000	0.707	0.707	90.0	135.0	-131.3	3.7	63.6	-53.0	10.6	63.6	53.0	116.6
2^L_R	3.00	0.667	0.555	0.832	90.0 10.0	270.0	-225.4	45.0	74.9 8.3	-41.6 -41.6	33.3 -33.3	49.9 5.5	62.4	112.3 67.9
3	3.75	0.333	0.316	0.948	10.0	285.0	-281.2	3.8	9.5	-23.7	-14.2	3.2	71.1	74.3
4	4.00	0.000	0.000	1.000	10.0	300.0	-300	0	10.0	0	10.0	0	75.0	75.0
5	3.75	-0.333	-0.316	0.948	-20.0	292.5	-281.2	11.3	-18.9	23.7	4.8	6.3	71.1	77.4
6	3.00	-0.667	-0.555	0.832	-50.0	240.0	-225.0	15.0	-41.6	41.6	0	27.8	62.4	90.2
7	1.75	1.000	-0.707	0.707	-80.0	142.5	-131.3	11.2	-56.6	53.0	-3.6	56.6	53.0	109.6
8	0	-1.333	-0.800	0.600	-110.0	0	0	0	-66.0	60.0	-6.0	88.0	45.0	133.0

下面再作其相应简支梁的 M^0 图和 F_Q^0 图，如图 15-41a、b 所示。比较图 15-40b 和图 15-41a 可知，拱式结构的弯矩值比相应简支梁的弯矩值减小很多。由图 15-40c 与图 15-41b 比较知，拱的剪力也比相应简支梁小得多。值得注意的是，拱的轴力较大，且全为压力，而梁的轴力为零。

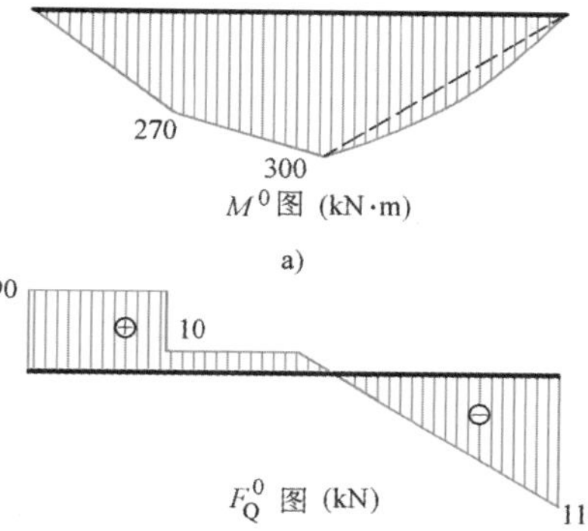

例 15-14　如图 15-42a 所示带拉杆的三铰拱，拱轴线为二次抛物线 $y = \dfrac{4f}{l^2}(l-x)x$。试求拉杆内力及 D 截面内力。

解　（1）求支座反力。取整体为隔离体。

由 $\sum M_A = 0$ 得

$$F_{By} \times 8m - (10 \times 4 \times 2) kN \cdot m = 0$$

$$F_{By} = F^0_{By} = 10kN　（\uparrow）$$

由 $\sum F_y = 0$ 得

$$F_{Ay} + F_{By} - (10 \times 4) kN = 0$$

$$F_{Ay} = F^0_{Ay} = 30kN　（\uparrow）$$

由 $\sum F_x = 0$ 得

$$F_{Ax} = 0$$

（2）求拉杆内力。用一截面沿中间铰及拉杆截开，取截面以右为隔离体，如图 15-42b 所示。

由 $\sum M_C = 0$ 得

$$F_{NAB} \times 2m - F_{By} \times 4m = 0$$

$$F_{NAB} = \frac{M^0_C}{f} = 20kN$$

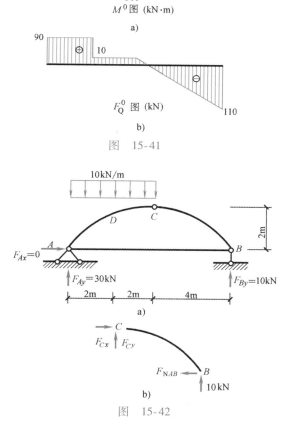

图 15-41

图 15-42

拉杆的内力表达式与水平推力表达式 $F_H = \dfrac{M_C^0}{f}$ 一致，即用拉杆代替了水平推力的作用。

（3）求 D 截面内力。

$$y_D = \left[\frac{4 \times 2}{8^2} \times (8 - 2) \times 2\right]\text{m} = 1.5\text{m}$$

$$\tan\varphi_D = \frac{\mathrm{d}y}{\mathrm{d}x} = \frac{4 \times 2}{8^2} \times (8 - 2 \times 2) = 0.5$$

$$\sin\varphi_D = 0.448$$

$$\cos\varphi_D = 0.896$$

$$M_D = (30 \times 2 - 10 \times 2 \times 1 - 20 \times 1.5)\text{kN} \cdot \text{m} = 10\text{kN} \cdot \text{m}$$

$$F_{QD} = \left[(30 - 10 \times 2)\cos\varphi_D - 20\sin\varphi_D\right]\text{kN} = 0$$

$$F_{ND} = \left[(30 - 10 \times 2)\sin\varphi_D + 20\cos\varphi_D\right]\text{kN} = 22.4\text{kN}$$

从例 15-14 的计算可见，带拉杆的三铰拱与相应简支梁的支座反力完全相同；拉杆内力与三铰拱水平推力的计算表达式相同；带拉杆的三铰拱与三铰拱的弯矩、剪力和轴力的计算表达式完全相同。

三、三铰拱的合理拱轴线

由前所述可知，当荷载及三个铰的位置给定时，三铰拱的支座反力就可确定，而与各铰间拱轴线形状无关；三铰拱的内力则与拱轴线形状有关。在一定荷载作用下，当拱所有截面的弯矩都等于零（可以证明剪力也为零）而只有轴力时，截面上的正应力是均匀分布的，材料能得到最充分的利用。单从力学观点看，这是最经济的，故称这时的拱轴线为合理拱轴线。

合理拱轴线可根据弯矩为零的条件来确定。在竖向荷载作用下，三铰拱的合理拱轴线方程可由下式求得：

$$M = M^0 - F_H y = 0$$

由此得

$$y = \frac{M^0}{F_H} \tag{15-5}$$

上式表明，在竖向荷载作用下，三铰拱合理拱轴线的纵坐标 y 与相应简支梁弯矩图的竖标成正比。当荷载已知时，只需求出相应的简支梁的弯矩方程，然后除以水平推力之值，便得到合理拱轴线方程。

例 15-15　试求图 15-43a 所示对称三铰拱在竖向均布荷载 q 作用下的合理拱轴线。

解　作出相应简支梁如图 15-43b 所示，其弯矩方程为

$$M^0 = \frac{ql}{2}x - \frac{1}{2}qx^2 = \frac{1}{2}qx(l - x)$$

推力 F_H 由式（15-1）第三式求得为

$$F_H = \frac{M_C^0}{f} = \frac{\frac{1}{8}ql^2}{f} = \frac{ql^2}{8f}$$

故由式（15-5）可得拱的合理拱轴线方程为

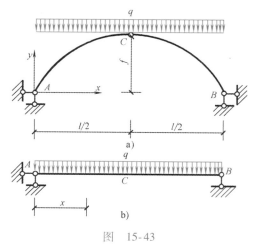

图　15-43

$$y = \frac{M^0}{F_H} = \frac{\frac{1}{2}qx(l-x)}{\frac{ql^2}{8f}} = \frac{4f}{l^2}(l-x)x$$

由此可见，在竖向均布荷载作用下，对称三铰拱的合理拱轴线是二次抛物线。因此房屋建筑中拱的轴线常用抛物线。

同理，还可推导出图 15-44a 所示三铰拱在填土荷载作用下的合理拱轴线为悬链线；图 15-44b 所示三铰拱在径向均布荷载（如水压力）作用下的合理拱轴线为圆弧线。

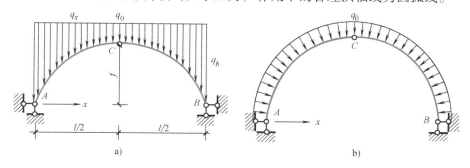

图　15-44

第五节　　静定组合结构

组合结构是由只承受轴力的二力杆（即链杆）和承受弯矩、剪力、轴力的梁式杆件所组成的。它常用于房屋建筑中的屋架、吊车梁以及桥梁的承重结构。如图 15-45a 所示的下撑式五边形屋架就是较为常见的静定组合结构。其上弦杆由钢筋混凝土制成，主要承受弯矩和剪力；下弦杆和腹杆则用型钢制成，主要承受轴力，其计算简图如图 15-45b 所示。

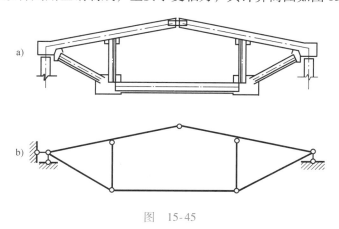

图　15-45

在组合结构的分析中，首先判别哪些是链杆，哪些是梁式杆。判别的基本原则是若两端铰接直杆的跨内无垂直于杆轴的外力，则该杆为链杆，否则为梁式杆。如图 15-46a 中 AD 和 DB 杆为梁式杆，其余的为链杆；图 15-46b 所示结构，则全部为二力杆。截断链杆，截面上只有轴力；截断梁式杆，截面上一般有三个内力，即弯矩、剪力和轴力，所以取隔离体时其受力图是不一样的。如在图 15-46c 所示的结构中，结点 D 上虽无荷载作用，但绝对不能认为 DE 和 DF 两杆的内力都为零，因为 DA 杆是梁式杆而不是链杆。用截面法分析组合结构的内力时，为了使隔离体上的未知力不致过多，宜尽量避免截断梁式杆。因此分析这类结构的步骤一般是先求出支座反力，然后计算各链杆的轴力，最后再分析梁式杆的内力。当然，如果梁式杆的弯矩图很容易先行作出，则不必拘泥于上述步骤。在整个计算过程中通常要综合使用梁和桁架的计算方法。

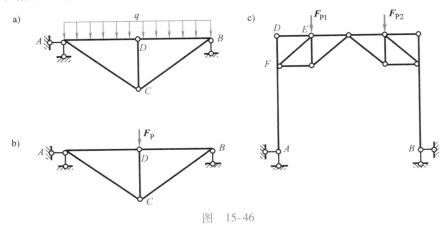

图 15-46

例 15-16 对图 15-47a 所示组合结构进行内力分析。

解 （1）计算支座反力。

$$F_{Ay} = 135\text{kN}(\uparrow) \qquad F_{By} = 45\text{kN}(\uparrow)$$

（2）计算链杆的轴力。用 Ⅰ-Ⅰ 截面截开铰 C 和链杆 FG，取其右边部分为隔离体（图 15-47b）。

由 $\sum M_C = 0$ 得
$$F_{NFG} \times 3\text{m} - (45 \times 6) \text{ kN} \cdot \text{m} = 0$$
$$F_{NFG} = 90\text{kN} \text{ （拉力）}$$

由 $\sum F_x = 0$ 得
$$F_{Cx} - F_{NFG} = 0$$
$$F_{Cx} = 90\text{kN} \text{ （} \rightarrow \text{）}$$

由 $\sum F_y = 0$ 得
$$F_{Cy} + 45\text{kN} = 0$$
$$F_{Cy} = -45\text{kN} \text{ （} \downarrow \text{）}$$

再分别以结点 F、G 为隔离体，即可求得全部链杆的内力，计算结果如图 15-47c 所示。

（3）计算梁式杆的内力。取 ADC 杆为隔离体，如图 15-47d 所示。如果求出各控制截面的内力，根据静定梁作内力图的方法，很容易作出内力图。各控制截面的内力计算如下：

截面 A
$$M_{AD} = 0$$

$$F_{QAD} = \left(135 - 90\sqrt{2} \times \frac{\sqrt{2}}{2}\right)\text{kN} = 45\text{kN}$$

$$F_{NAD} = \left(-90\sqrt{2} \times \frac{\sqrt{2}}{2}\right)\text{kN} = -90\text{kN}(\text{压})$$

截面 D
$$M_{DA} = \left(45 \times 3 - 30 \times 3 \times \frac{3}{2}\right)\text{kN} \cdot \text{m} = 0$$

$$F_{QDA} = \left(135 - 90\sqrt{2} \times \frac{\sqrt{2}}{2} - 30 \times 3 \right) \text{kN} = -45\text{kN}$$

$$F_{QDC} = (30 \times 3 - 45) \text{kN} = 45\text{kN}$$

$$F_{NDA} = F_{NDC} = -90\text{kN}(压)$$

截面 C $$M_{CD} = 0$$

$$F_{QCD} = -45\text{kN}$$

　　同理可求出 CEB 梁式杆各控制截面的内力，其隔离体受力图如图 15-47h 所示，计算过程从略。

　　梁式杆的 M、F_Q、F_N 图分别如图 15-47e、f、g 所示。

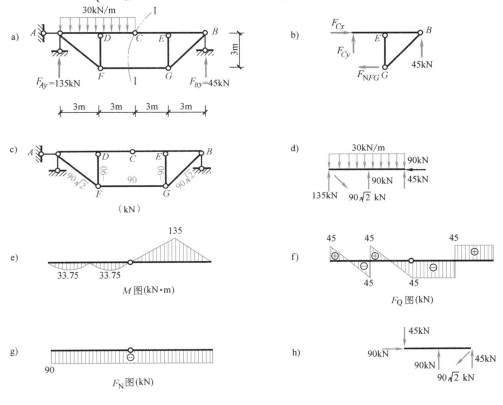

图　15-47

第六节　静定结构的特性

　　前面几节讨论了几种静定结构的典型形式，它们是静定梁、静定刚架、静定桁架、三铰拱和静定组合结构，虽然这些结构形式各异，但是也有共同的特性：

　　1）静力解答的唯一性。静定结构的几何组成特征是无多余约束的几何不变体系，故全部约束力和内力由平衡条件即可确定，在任何给定荷载下，满足平衡条件的约束力和内力的答案只有一种，这就是静定结构静力解答的唯一性，它是静定结构的基本特性。前面几节通过不同类型静定结构的计算可以证明这一点。

2）在静定结构中，除荷载外，任何其他外因如温度改变、支座位移、材料收缩、制造误差等均不产生任何约束力和内力。

如图 15-48a 所示简支梁，其支座 B 发生了沉降，因而梁随之产生位移，如图中虚线所示。但因没有荷载作用，由平衡条件可知，梁的支座反力和内力均为零。又如图 15-48b 所示悬臂梁，若其上、下侧温度分别升高 t_1 和 t_2（设 $t_2 > t_1$），则梁将变形即产生伸长和弯曲，如图中双点画线所示。同样由于荷载为零，其支座反力及内力也均为零。因为当没有荷载作用时，零反力和零内力必能满足各部分的静力平衡条件，故根据解答的唯一性可知，以上结论是正确的。

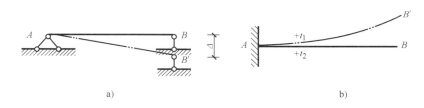

图　15-48

3）当平衡力系作用在静定结构的某一本身为几何不变的部分上时，则只有此部分受力，其余部分的约束力和内力均为零。

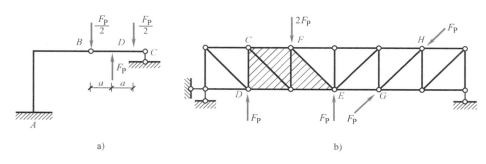

图　15-49

如图 15-49a 所示静定结构，有平衡力系作用于本身为几何不变的部分 BD 上，若依次取 BC 和 AB 为隔离体计算，则可得知支座 C 的支座反力、铰 B 处的约束力及支座 A 处的支座反力均为零。由此可知除 BD 部分外其余部分的内力均为零。又如图 15-49b 所示的桁架，平衡力系作用于 CDEF 几何不变部分上及 GH 杆上，同上分析可知除 CDEF 部分（图中阴影线范围的杆件）和 GH 杆外其余各杆内力和支座反力均等于零。这种情形实际上具有普遍性。因为当平衡力系作用于静定的任何本身几何不变部分上时，若设想其余部分均不受力而将它们撤去，则所剩部分由于本身是几何不变的，在平衡力系作用下仍能独立地维持平衡。而所撤去部分的零反力和零内力状态也与其零荷载相平衡。这样，结构上各部分的平衡条件都能得到满足。根据静力解答的唯一性可知，这样的内力状态就是唯一的解答。

4）荷载等效变换的影响。具有同一合力的各种荷载，称为静力等效荷载。所谓荷载的等效变换，就是将一种荷载变换为另一种与其静力等效的荷载。对作用于静定结构某一几何不变部分上的荷载进行等效变换时，只有该部分的内力发生变化，其余部分的反力和内力均保持不变，这一结论可用平衡力系的影响来证明，这里不细述。如图 15-50a 所示桁架，若将作用于上弦结点 C 的外力 F_P 移到下弦结点 D，则只影响 CD 杆内力。对于图 15-50b 所示三铰拱，若以合力 F 代替 F_{P1}、F_{P2}、F_{P3} 的作用，则仅在 DE 部分的拱段上内力发生变化，其余部分的内力及支座 A、B 的反力均不受影响。

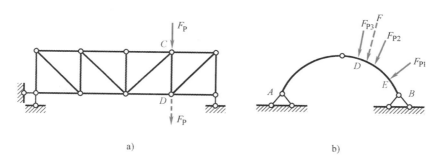

图　15-50

5）结构等效替换的影响。静定结构某一几何不变部分用其他的几何不变部分替换时，仅被替换部分内力发生变化，其他部分的约束力和内力均不变。如图 15-51a 所示桁架，若把 CD 杆换成图 15-51b 所示的小桁架，则除 CD 部分内力发生变化外，其余部分的内力和约束力均保持不变。

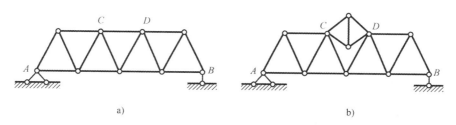

图　15-51

6）静定结构的内力与结构的材料性质和构件的截面尺寸无关。因为静定结构内力由静力平衡方程唯一确定，未使用到结构材料性质及截面尺寸。

静定结构常见的形式有静定梁、静定平面刚架、静定平面桁架、三铰拱和静定组合结构。

一、静定结构的受力和计算特点

1）梁和刚架由受弯直杆（梁式杆）组成。以计算单跨静定梁为基础，多跨静定梁可拆成单跨静定梁进行计算，静定平面刚架的各杆也可当作梁计算。

2）桁架由只受轴力的链杆组成。桁架的内力计算可先判定零杆，再用结点法和截面法计算。

3）三铰拱在竖向荷载作用下，有水平推力，内力以轴力为主，且为压力。

4）组合结构由链杆和梁式杆组成。计算时先计算链杆的轴力，后计算梁式杆的内力。

二、内力图的作法和要求

作内力图时，一般先根据几何组成特点，求出支座反力；再根据截面法，求各控制截面的内力；然后根据内力与荷载集度的微分关系和叠加原理，分段作出结构的内力图。在建筑力学中，规定 M 图均画在杆件受拉一侧，不注正、负号；F_Q、F_N 图则可画在杆件的任一侧，但必须注明正、负号。

内力图的校核是必要的，通常截取结点或结构的一部分，验算其是否满足平衡条件。

15-1 用叠加法作弯矩图时，为什么是竖标的叠加，而不是图形的拼合？

15-2 为什么直杆上任一区段的弯矩图都可以用简支梁叠加法来作？其步骤如何？

15-3 斜梁在竖向荷载作用下的内力图与相应水平梁的内力图有何异同？

15-4 当荷载作用在基本部分时，附属部分是否产生内力？反之，当荷载作用在附属部分时，基本部分是否产生内力？为什么？

15-5 在荷载作用下，刚架的弯矩图在刚结点处有何特点？

15-6 实际桁架与理想桁架有无区别？为什么能采用理想桁架作为实际桁架的计算简图？

15-7 桁架中既然有些杆件为零杆，是否可将其从实际结构中撤去？为什么？

15-8 试判别图 15-52 所示对称桁架在对称荷载作用下的零杆。

15-9 三铰拱与三铰刚架的受力特点是否相同？能否用拱的计算公式计算三铰刚架？

15-10 试判断图 15-53 所示刚架中截面 A、B、C 的弯矩受拉边以及剪力、轴力的正负号。

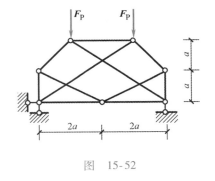

图 15-52

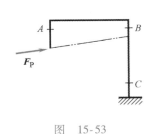

图 15-53

15-11 怎样识别组合结构中的链杆（二力杆）和梁式杆（受弯杆）？组合结构的计算与桁架有何不同之处？

15-1 快速作图 15-54 所示各单跨静定梁的弯矩图。

15-2 试作图 15-55 所示各斜梁的内力图。

15-3 试作图 15-56 所示多跨静定梁的内力图。

15-4 试作图 15-57 所示各刚架的内力图。

15-5 作图 15-58 所示各刚架的弯矩图。

15-6 图 15-59 所示各弯矩图是否正确？如有错误请加以改正。

15-7 判别图 15-60 所示各桁架中的零杆。

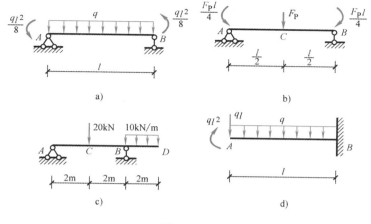

图　15-54

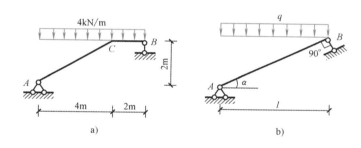

图　15-55

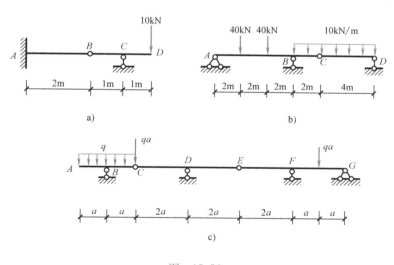

图　15-56

15-8　用结点法计算图 15-61 所示结构中各杆的内力。

15-9　用较简捷的方法计算图 15-62 所示各桁架中指定杆件的内力。

15-10　试求图 15-63 所示半圆弧三铰拱 K 截面的内力。

15-11　试计算图 15-64 所示组合结构的内力，在二力杆旁标明轴力，并作出梁式杆的弯矩图。

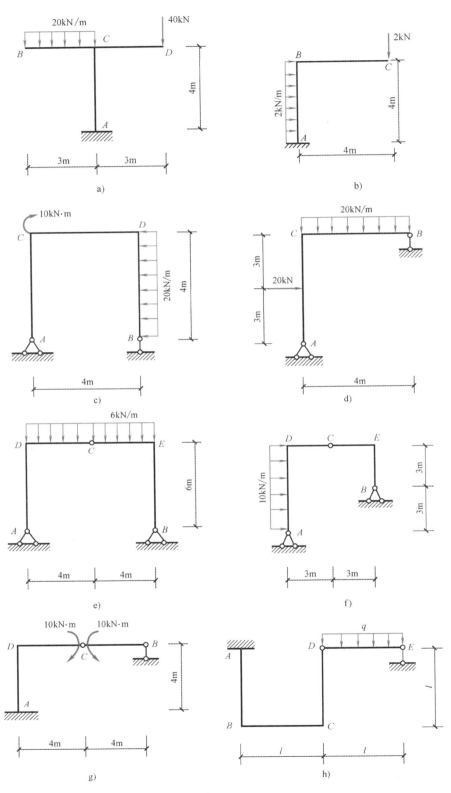

图 15-57

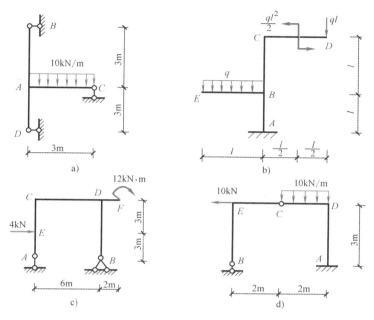

图　15-58

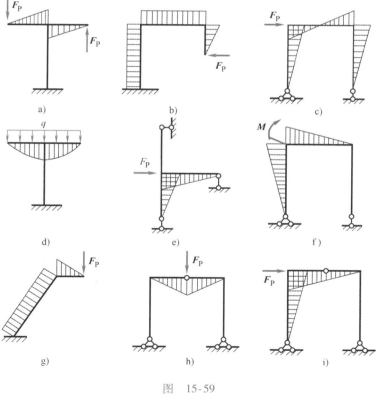

图　15-59

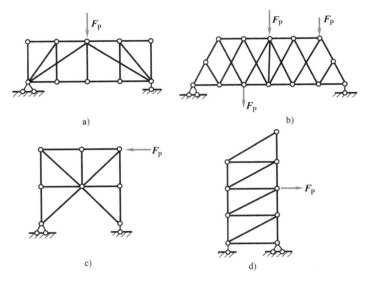

图 15-60

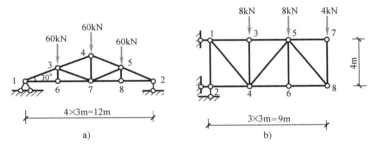

图 15-61

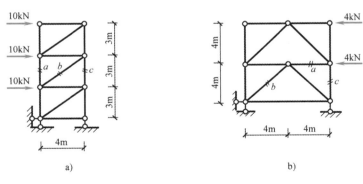

图 15-62

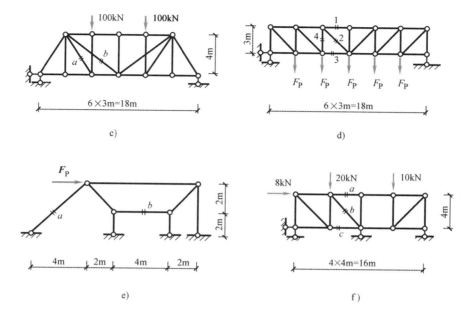

图 15-62（续）

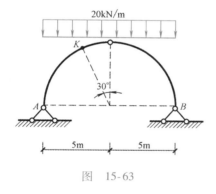

图 15-63

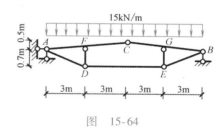

图 15-64

第十六章 静定结构的位移计算

第一节 概　述

一、杆系结构的位移

杆系结构在荷载或其他外界因素作用下，其形状一般会发生变化（简称变形），结构上各点的位置将会发生移动，杆件横截面也会发生转动，这种移动和转动统称为结构的位移。

如图 16-1a 所示刚架，在荷载作用下，其变形曲线如图中双点画线所示，其中截面 A 的形心 A 点移动到 A' 点，线段 AA' 称为 A 点的线位移，用 Δ_A 表示。若将 Δ_A 沿水平和竖向分解，则其分量 Δ_{AH} 和 Δ_{AV} 分别称为 A 点的水平线位移和竖向线位移。同时，截面 A 还转动了一个角度，称为截面 A 的角位移或转角，用 φ_A 表示。又如图 16-1b 所示刚架，在荷载作用下发生双点画线所示变形，截面 A 的角位移为 φ_A（顺时针方向），截面 B 的角位移为 φ_B（逆时针方向），这两个截面方向相反的角位移之和，就构成截面 A、B 的相对角位移，即 $\varphi_{AB} = \varphi_A + \varphi_B$。同样，$C$、$D$ 两点的水平线位移分别为 Δ_{CH}（向右）和 Δ_{DH}（向左），这两个指向相反的水平位移之和就称为 C、D 两点的水平相对线位移，即 $\Delta_{CDH} = \Delta_{CH} + \Delta_{DH}$。

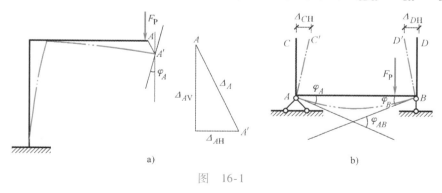

图 16-1

将以上线位移、角位移及相对位移统称为广义位移。

二、计算位移的目的

在工程设计和施工过程中，结构位移计算是很重要的，概括地说，它有如下三方面的用途：

1）校核结构的刚度，即验算结构的位移是否超过允许限值。如在设计吊车梁时，为了保证吊车能正常行驶，规范中对吊车梁产生的最大挠度限制为梁跨度的 $\frac{1}{600} \sim \frac{1}{500}$。因此，为了验算结构的刚度，需要计算结构的位移。

2）在结构的制作、施工、养护过程中，有时需要预先知道结构的变形情况，以便采取一定的施工措施，因而也需要进行位移计算。

3）为超静定结构的弹性分析打下基础。在弹性范围内分析超静定结构时，除了需考虑平衡条件外，还需考虑变形条件，因此需计算结构的位移。

本章讨论线性弹性变形体系的位移计算。**线性弹性变形体系指的是位移与荷载成正比的体系，并且当荷载全部撤除时，由荷载引起的位移将完全消失。满足这种体系的具体条件是：体系应是几何不变的，应力与应变应当符合胡克定律，因而位移必须是微小的。**

建筑力学中计算位移的一般方法是以虚功原理为基础的。本章先介绍虚功原理，然后再讨论在荷载等外界因素的影响下静定结构的位移计算方法。

第二节　变形体的虚功原理

一、功、广义力和广义位移

如图 16-2a 所示，在常力 F 的作用下物体从 A 移到 A'（即双点画线位置），在力的方向上产生线位移 Δ，由物理学知，F 与 Δ 的乘积称为力 F 在位移 Δ 上做的功，即 $W = F\Delta$。图 16-2b 表示用力 F 拉一重物的过程，其中 s 为力作用点的实际位移，称总位移，$\Delta = s\cos\theta$ 为作用点在力作用线方向的位移分量，称为力 F 的相应位移。这时力 F 所做的功 W 仍可用 F 与 Δ 的乘积表示，即 $W = F\Delta$，其中 $\Delta = s\cos\theta$。

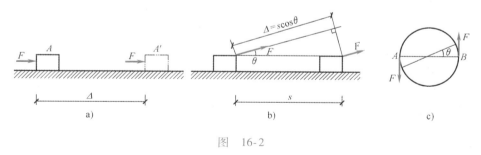

图　16-2

又如图 16-2c 所示，有两个大小相等、方向相反的常力 F 作用在圆盘上，设圆盘转动时常力 F 的方向始终垂直于直径 AB，当圆盘转动一角度 θ 时，两个常力所做的功为：$W = 2FR\theta$，又因该两力组成一力偶，其力偶矩为 $M = 2FR$，则有：$W = M\theta$，这就是说，**常力偶所做的功等于力偶矩与角位移的乘积。**

由此可知，**功包含了两个要素——力和位移。**做功的力可以是一个力，也可以是一个力偶，有时甚至可能是一对力或一个力系，统称为广义力；位移可以是线位移也可以是角位移，即为广义位移。因此，功可以统一表示为广义力和广义位移的乘积，即：$W = F\Delta$，其中 F 为广义力；Δ 为广义位移，它与广义力相对应。如 F 为集中力时，Δ 表示线位移；F 为力偶时，Δ 代表角位移。

由物理学还可知，当广义力 F 与相应广义位移 Δ 方向一致时，做功为正；两者方向相反时，做功为负。

功是一个标量，它的常用单位是 kN·m，N·m。

二、虚功

当做功的力与相应位移彼此相关时，即当位移是由做功的力本身引起时，此功称为实功。上述集中力 F 与力偶矩 M 所做的功均为实功。当做功的力与相应位移彼此独立无关时，就把这种功称为虚功。如图 16-3a 所示直杆，受荷载 F_P 作用，杆轴温度为 t。若此时让杆轴温度升高 Δt，则杆件伸长 Δ_1（图 16-3b），此时荷载 F_P 在其相应位移 Δ_1 上所做的功为 $W_1 = F_P \Delta_1$。由于位移 Δ_1 是由温度变化引起的，与力 F_P 无关，所以 W_1 是力 F_P 做的虚功。"虚"字在这里并不是虚无的意思，而是强调做功的力与位移无关这一特点。因此，在虚功中可将做功的力与位移看成是分别属于同一体系的两种彼此无关的状态，其中力系所属状态称为力状态或第一状态，如图 16-3a 所示；位移所属状态称为位移状态或第二状态，如图 16-3b 所示。当位移与力的方向一致时，虚功为正；相反时虚功为负。

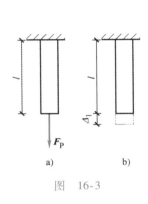

图 16-3

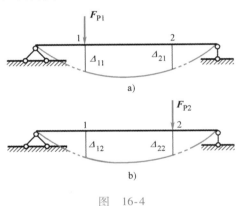

图 16-4

三、变形体的虚功原理

图 16-4a 所示简支梁在第一组荷载 F_{P1} 作用下，在 F_{P1} 作用点沿 F_{P1} 方向产生的位移，用 Δ_{11} 表示。位移 Δ 的第一个下标表示位移的地点和方向，第二个下标表示引起位移的原因。图 16-4b 所示为同一简支梁在第二组荷载 F_{P2} 作用下引起 F_{P1} 作用点沿 F_{P1} 方向产生的位移，用 Δ_{12} 表示。如果把 F_{P1} 作用状态看作力状态，即第一状态，把 F_{P2} 作用状态看作位移状态，即第二状态，则第一状态的外力 F_{P1} 将在第二状态的位移 Δ_{12} 上做虚功，用 W_{12} 表示，即 $W_{12} = F_{P1}\Delta_{12}$，这种外力在其他因素引起的位移上所做的功称为外力虚功。

同样，由于第一组荷载 F_{P1} 作用产生的内力亦将在第二组荷载 F_{P2} 作用产生的内力所引起的相应变形上做虚功，称为内力虚功，用 W'_{12} 表示。

变形体的虚功原理表明：第一状态的外力（包括荷载和约束力）在第二状态所引起的位移上所做的外力虚功 W_{12}，等于第一状态内力在第二状态内力所引起的变形上所做的内力虚功 W'_{12}。即

$$W_{12} = W'_{12} \tag{16-1}$$

注意：上面的分析过程中，并没有涉及材料的物理性质，因此对于弹性、非弹性、线性、非线性的变形体系，虚功原理都适用。

虚功原理在具体应用时有两种方式：一种是给定力状态，另虚设一个位移状态，利用虚

功原理求力状态中的未知力；另一种是给定位移状态，另虚设一个力状态，利用虚功原理求解位移状态中的未知位移，这时的虚功原理又可称为 虚力原理。本章讨论的结构位移的计算，就是以变形体虚力原理作为理论依据的。

第三节　结构位移计算的一般公式

设图 16-5a 所示平面杆系结构由于荷载、温度变化及支座移动等因素引起了如图双点画线所示变形，现在要求任一指定点 K 沿任一指定方向 k—k 上的位移 Δ_K。

我们来讨论如何利用虚功原理来求解这一问题。要应用虚功原理，就需要用两个状态：力状态和位移状态。现在要求的位移是由给定的荷载、温度变化及支座移动等因素引起的，故应以此作为结构的位移状态，亦称为 实际状态。此外，还需要建立一个力状态。由于力状态与位移状态是彼此独立无关的，因而力状态完全可以根据计算的需要来假设。为了使力状态中的外力能在位移状态中所求位移 Δ_K 上做虚功，我们就在 K 点沿 k—k 方向加一个单位集中力 $F_{PK}=1$，其箭头指向可随意假设，如图 16-5b 所示，以此作为结构的力状态。这个力状态由于是虚设的，故称为 虚拟状态。

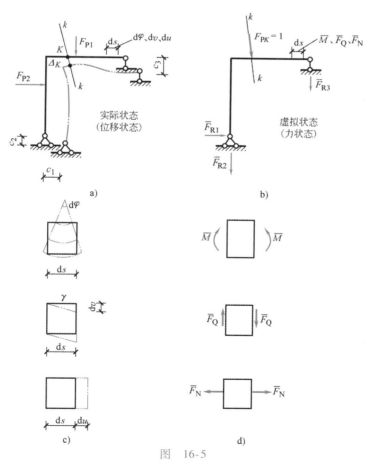

图　16-5

下面分别计算虚拟状态的外力在实际状态相应的位移上所做的外力虚功 W 和虚拟状态的内力在实际状态相应的变形上所做的内力虚功 W'。外力虚功包括荷载和支座反力所做的虚功。设在虚拟状态中由单位荷载 $F_{PK}=1$ 引起的支座反力为 $\overline{F}_{R1}$、$\overline{F}_{R2}$、$\overline{F}_{R3}$，而在实际状态中相应的支座位移为 c_1、c_2、c_3，则外力虚功为

$$W = F_{PK}\Delta_K + \overline{F}_{R1}c_1 + \overline{F}_{R2}c_2 + \overline{F}_{R3}c_3 = \Delta_K + \sum \overline{F}_R c$$

这样，单位荷载 $F_{PK}=1$ 所做的虚功在数值上恰好就等于所要求的位移 Δ_K。式中，$\overline{F}_R$ 表示虚拟状态中的支座反力，c 表示实际状态中支座的位移，$\sum \overline{F}_R c$ 表示支座反力所做虚功之和。

计算内力虚功时，设虚拟状态中由单位荷载 $F_{PK}=1$ 作用而引起的 $\mathrm{d}s$ 微段上的内力为 $\overline{M}$、$\overline{F}_Q$、$\overline{F}_N$，如图 16-5d 所示，而实际状态中 $\mathrm{d}s$ 微段相应的变形为 $\mathrm{d}\varphi$、$\mathrm{d}v$、$\mathrm{d}u$，如图 16-5c所示，则内力虚功为

$$W' = \sum \int \overline{M}\mathrm{d}\varphi + \sum \int \overline{F}_Q \mathrm{d}v + \sum \int \overline{F}_N \mathrm{d}u$$

由虚功原理 $W=W'$ 有

$$1 \times \Delta_K + \sum \overline{F}_R c = \sum \int \overline{M}\mathrm{d}\varphi + \sum \int \overline{F}_Q \mathrm{d}v + \sum \int \overline{F}_N \mathrm{d}u$$

可得

$$\Delta_K = \sum \int \overline{M}\mathrm{d}\varphi + \sum \int \overline{F}_Q \mathrm{d}v + \sum \int \overline{F}_N \mathrm{d}u - \sum \overline{F}_R c \qquad (16\text{-}2)$$

这便是平面杆件结构位移计算的一般公式。

这种利用虚功原理在所求位移处沿所求位移方向虚设单位荷载（$F_{PK}=1$）求结构位移的方法，称为单位荷载法。应用这个方法每次只能求得一个位移。在虚设单位荷载时其指向可以任意假设，如计算结果为正，即表示位移方向与所虚设的单位荷载指向相同，否则相反。

单位荷载法不仅可以用于计算结构的线位移，而且可以计算任意的广义位移，只要所设的广义单位荷载与所计算的广义位移相对应即可。这里的"对应"是指力与位移在做功的关系上的对应，如集中力与线位移对应，力偶与角位移对应，等等。下面讨论如何按照所求位移类型的不同，设置相应的虚拟状态。

1）当要求某点沿某方向的线位移时，应在该点沿所求位移方向加一个单位集中力，如图 16-6a 所示即为求 A 点水平位移时的虚拟状态。

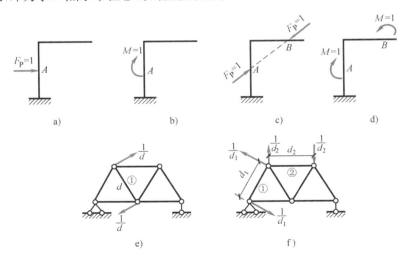

图　16-6

2）当要求梁或刚架某截面的角位移时，则应在该截面处加一个单位力偶，如图 16-6b 所示即为求 A 截面转角的虚拟状态。这样外力所做的虚功为 $1 \times \varphi_A = \varphi_A$，即恰好等于所要求的角位移。

3）当要求结构上两点的相对线位移时，则应在两点沿其连线方向上加一对指向相对的单位力，如图 16-6c 所示。对此说明如下：设在实际状态中 A 点沿 AB 方向的线位移为 Δ_A，B 点沿 BA 方向的线位移为 Δ_B，则两点在其连线方向上的相对线位移为 $\Delta_{AB} = \Delta_A + \Delta_B$，对于图示虚拟状态，外力所做的虚功为

$$1 \times \Delta_A + 1 \times \Delta_B = 1 \times (\Delta_A + \Delta_B) = \Delta_{AB}$$

可见外力所做虚功恰好等于所求相对位移。

4）当要求梁或刚架两截面的相对角位移时，则应在两截面处加一对方向相反的单位力偶，如图 16-6d 所示。

5）当要求桁架某杆的角位移时，则应加一单位力偶，构成这一力偶的两个集中力，各作用于该杆的两端，并与杆轴垂直，其值为 $1/d$，d 为该杆长度，如图 16-6e 所示。

6）当要求桁架中两根杆件的相对角位移时，则应加两个方向相反的单位力偶，如图 16-6f 所示。

第四节　静定结构在荷载作用下的位移计算

如果结构只受到荷载作用，不考虑支座位移的影响时，则式（16-2）可简化为

$$\Delta_K = \sum \int \overline{M} \mathrm{d}\varphi + \sum \int \overline{F}_Q \mathrm{d}v + \sum \int \overline{F}_N \mathrm{d}u \qquad (16\text{-}3)$$

式（16-3）中微段的变形仅是由荷载引起的。设以 M_P、F_{QP}、F_{NP} 表示实际状态中微段 $\mathrm{d}s$ 上所受的弯矩、剪力和轴力，图 16-7a 所示，对于线弹性范围内的变形，由材料力学可知，M_P、F_{QP}、F_{NP} 分别引起的微段 $\mathrm{d}s$ 上的变形如图 16-7b、c、d 所示，可以表示为

$$\mathrm{d}\varphi = \frac{M_P}{EI}\mathrm{d}s \qquad \mathrm{d}v = \gamma \mathrm{d}s = k\frac{F_{QP}}{GA}\mathrm{d}s \qquad \mathrm{d}u = \frac{F_{NP}}{EA}\mathrm{d}s \qquad (16\text{-}4)$$

式中，EI、GA、EA 分别为杆件的抗弯刚度、抗剪刚度、抗拉（压）刚度；k 为截面的切应力分布不均匀系数，它只与截面的形状有关，对于矩形截面 $k = \dfrac{6}{5}$，对于圆形截面 $k = \dfrac{10}{9}$，对于薄壁圆环截面 $k = 2$。

用 Δ_{KP} 表示由荷载引起的 K 截面的位移。把式（16-4）代入式（16-3）得

$$\Delta_{KP} = \sum \int \frac{\overline{M}M_P}{EI}\mathrm{d}s + \sum \int k\frac{\overline{F}_Q F_{QP}}{GA}\mathrm{d}s + \sum \int \frac{\overline{F}_N F_{NP}}{EA}\mathrm{d}s \qquad (16\text{-}5)$$

式（16-5）即为平面杆系结构在荷载作用下的位移计算公式。式中，$\overline{M}$、$\overline{F}_Q$、$\overline{F}_N$ 代表虚拟状态中由于广义单位荷载所产生的内力，M_P、F_{QP}、F_{NP} 则代表原结构由于实际荷载作用所产生的内力。

由于在静定结构中，式（16-5）中的 $\overline{M}$、$\overline{F}_Q$、$\overline{F}_N$ 和 M_P、F_{QP}、F_{NP} 等均可通过静力平衡条件求得，故可利用该式来计算静定结构在荷载作用下的位移。

式（16-5）右边三项分别代表结构的弯曲变形、剪切变形和轴向变形对所求位移的影

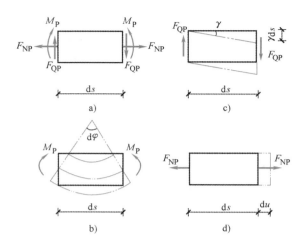

图 16-7

响。在实际计算中，根据结构的具体情况，常常可以只考虑其中的一项（或两项）。如对于梁和刚架，位移主要是弯矩引起的，轴力和剪力的影响很小，一般可以略去，故式（16-5）可简化为

$$\Delta_{KP} = \sum \int \frac{\overline{M}M_P}{EI} ds \qquad (16\text{-}6)$$

在桁架中，因只有轴力作用，且同一杆件的轴力 $\overline{F}_N$、F_{NP} 及 EA 沿杆长 l 均为常数，故式（16-5）可简化为

$$\Delta_{KP} = \sum \int \frac{\overline{F}_N F_{NP}}{EA} ds = \sum \frac{\overline{F}_N F_{NP} l}{EA} \qquad (16\text{-}7)$$

组合结构中，受弯杆件可只计弯矩一项的影响，对链杆则只计轴力影响，故其位移计算公式可写为

$$\Delta_{KP} = \sum \int \frac{\overline{M}M_P}{EI} ds + \sum \frac{\overline{F}_N F_{NP} l}{EA} \qquad (16\text{-}8)$$

在曲梁和一般拱结构中，杆件的曲率对结构变形的影响都很小，可以略去不计，其位移仍可近似地按式（16-6）计算，通常只需考虑弯曲变形的影响。但在扁平拱中，除弯矩外，有时尚需考虑轴力对位移的影响。

例 16-1 试求图 16-8a 所示简支梁中点 C 的竖向位移 Δ_{CV} 和 B 截面的转角 φ_B。EI = 常数。

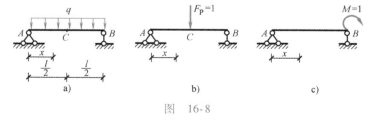

图 16-8

解 （1）求 Δ_{CV}。在 C 点加一竖向单位力，得虚拟状态（图 16-8b）。对 AC 段，以 A 为原点，$\overline{M}$ 及 M_P 方程为

$$\overline{M} = \frac{x}{2} \qquad M_P = \frac{ql}{2}x - \frac{1}{2}qx^2$$

对于 BC 段以 B 为原点的 $\overline{M}$ 及 M_P 方程与 AC 段相同。

因为对称，所以由式（16-6）得

$$\Delta_{CV} = \sum \int \frac{\overline{M}M_P}{EI}ds = \frac{2}{EI}\int_0^{\frac{l}{2}} \frac{x}{2}\left(\frac{ql}{2}x - \frac{1}{2}qx^2\right)dx$$

$$= \frac{5ql^4}{384EI} \quad (\downarrow)$$

计算结果为正，说明 C 点竖向位移的方向与虚拟单位力的方向相同，即方向向下。

（2）求 φ_B。在 B 点加一单位力偶，得虚拟状态（图16-8c），$\overline{M}$ 和 M_P 方程为

$$\overline{M} = -\frac{x}{l} \qquad M_P = \frac{ql}{2}x - \frac{1}{2}qx^2$$

代入式（16-6）得

$$\varphi_B = \sum \int \frac{\overline{M}M_P}{EI}ds = \frac{1}{EI}\int_0^l \left(-\frac{x}{l}\right)\left(\frac{ql}{2}x - \frac{1}{2}qx^2\right)dx$$

$$= -\frac{ql^3}{24EI} \quad (\curvearrowleft)$$

计算结果为负，表示实际位移方向与所设虚拟单位荷载的方向相反，即截面 B 的转角不是顺时针方向而是逆时针方向（实际方向如圆括号内箭头所示）。

例 16-2 试求图 16-9a 所示结构 C 端的水平位移 Δ_{CH} 和角位移 φ_C。

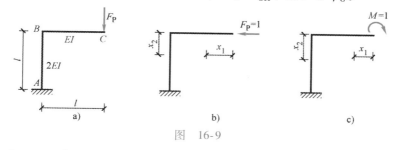

图 16-9

解 （1）求 Δ_{CH}。在 C 截面加一水平方向单位力 $F_P = 1$（图16-9b），并分别设 AB 段以 B 为原点，BC 段以 C 为原点，实际荷载和单位荷载所引起的弯矩分别为（假定内侧受拉为正，只要两种状态的弯矩正负号规定一致，就不影响位移计算的最后结果）

BC 段　　　　　　　　$\overline{M} = 0$　　　　$M_P = -F_P x_1$

AB 段　　　　　　　　$\overline{M} = x_2$　　　$M_P = -F_P l$

代入式（16-6）得

$$\Delta_{CH} = \sum \int \frac{\overline{M}M_P}{EI}ds = \int_0^l \frac{x_2(-F_P l)}{2EI}dx_2 = -\frac{F_P l^3}{4EI} \quad (\rightarrow)$$

（2）求 φ_C。在 C 截面加一单位力偶 $M = 1$（图16-9c）。

BC 段　　　　　　　　　　　$\overline{M} = -1$　　　$M_P = -F_P x_1$

AB 段　　　　　　　　　　　$\overline{M} = -1$　　　$M_P = -F_P l$

代入式（16-6）得

$$\varphi_C = \sum \int \frac{\overline{M}M_P}{EI}ds = \int_0^l \frac{(-1)(-F_P x_1)}{EI}dx_1 + \int_0^l \frac{(-1)(-F_P l)}{2EI}dx_2$$

$$= \frac{F_P l^2}{EI} \quad (\curvearrowright)$$

例 16-3 求图 16-10a 所示桁架结点 C 的竖向位移 Δ_{CV}。各杆 EA = 常数。

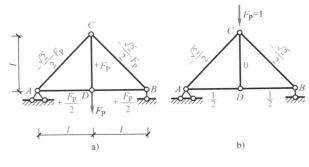

图 16-10

解 为求 C 点竖向位移，在 C 点加一竖向单位力（图 16-10b）。分别求出实际荷载与单位荷载引起的各杆轴力 F_{NP} 与 $\overline{F}_N$（图 16-10a、b），然后根据式（16-7）计算得

$$\Delta_{CV} = \sum \frac{\overline{F}_N F_{NP} l}{EA}$$

$$= \frac{1}{EA} \times \frac{1}{2} \times \frac{F_P}{2} l \times 2 + \frac{1}{EA} \times \left(-\frac{\sqrt{2}}{2}\right) \times \left(-\frac{\sqrt{2}F_P}{2}\right) \times \sqrt{2}l \times 2$$

$$= \left(\frac{1}{2} + \sqrt{2}\right)\frac{F_P l}{EA} = 1.914 \frac{F_P l}{EA} \quad (\downarrow)$$

有时，当桁架结构杆件较多时，可把计算列成表格进行，以便于直观表示。表 16-1 为例 16-3 的计算表。

由于对称，最后计算时将表中的总和值乘 2，但由于 CD 杆只有一根，故应减去由于乘 2 多计算了的该杆数值，于是计算式如下：

$$\Delta_{CV} = \sum \frac{\overline{F}_N F_{NP} l}{EA} = \frac{2 \times \left(\frac{\sqrt{2}}{2} + \frac{1}{4}\right)F_P l - 0}{EA} = \left(\sqrt{2} + \frac{1}{2}\right)\frac{F_P l}{EA} \quad (\downarrow)$$

表 16-1 例 16-3 的计算表

杆 件		l/m	$\overline{F}_N$	F_{NP}/kN	$\overline{F}_N F_{NP} l$/（kN·m）
上弦	AC	$\sqrt{2}l$	$-\frac{\sqrt{2}}{2}$	$-\frac{\sqrt{2}}{2}F_P$	$\frac{\sqrt{2}F_P}{2}l$
下弦	AD	l	$\frac{1}{2}$	$\frac{F_P}{2}$	$\frac{F_P}{4}l$
竖杆	CD	l	0	F_P	0
					$\sum = \left(\frac{\sqrt{2}}{2} + \frac{1}{4}\right)F_P l$

第五节　图　乘　法

由前述可见，计算梁和刚架在荷载作用下的位移时，先要分段列出$\overline{M}$和M_P的方程式，然后代入式（16-6）中进行积分运算，在荷载比较复杂或者杆件数目较多时，这个运算过程十分繁琐，且易出错。当结构的各杆段符合下列条件时：①杆轴为直线；②EI = 常数；③$\overline{M}$和M_P两个弯矩图中至少有一个是直线图形，则可用下述图乘法来代替积分运算，从而简化计算工作。

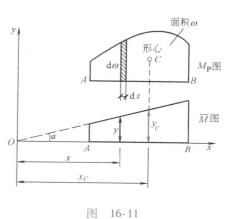

图　16-11

若结构上AB段为等截面直杆，EI为常数，$\overline{M}$图为一段直线，而M_P图为任意形状，如图16-11所示，这是符合上述三个条件的。我们以杆轴为x轴，以$\overline{M}$图的延长线与x轴的交点O为原点，建立Oxy坐标系，则积分式$\int \dfrac{\overline{M}M_P}{EI}ds$中的$ds$可用$dx$代替，$EI$可提到积分号外面，并且因$\overline{M}$为一直线图形，其上的任一纵坐标$\overline{M} = y = x\tan\alpha$，且$\tan\alpha$为常数，故上面的积分式可演变为

$$\int \frac{\overline{M}M_P}{EI}ds = \frac{\tan\alpha}{EI}\int xM_P dx = \frac{\tan\alpha}{EI}\int x d\omega \qquad (a)$$

式中，$d\omega = M_P dx$是M_P图中有阴影线的微面积，故$x d\omega$是该微面积对y轴的静矩，$\int x d\omega$即为整个M_P图的面积对y轴的静矩。根据合力矩定理，它应等于M_P图的面积ω乘以其形心C到y轴的距离x_C，即

$$\int x d\omega = \omega x_C$$

代入式（a）则有

$$\int \frac{\overline{M}M_P}{EI}ds = \frac{\tan\alpha}{EI}\omega x_C = \frac{\omega y_C}{EI} \qquad (b)$$

式中，y_C是M_P图的形心c处所对应的$\overline{M}$图的竖标。可见上述积分式等于一个弯矩图的面积ω乘以其形心处所对应的另一个直线弯矩图上的竖标y_C，再除以EI，这就称为**图乘法**。它将积分运算简化为图形的面积、形心和竖标的计算。

如果结构上所有各杆段均可图乘，则位移计算公式（16-6）可写为

$$\Delta_{KP} = \sum \int \frac{\overline{M}M_P}{EI}ds = \sum \frac{\omega y_C}{EI} \qquad (16-9)$$

应用图乘法时，应注意以下几点：

1）图乘法的应用条件是积分段内为同材料等截面（EI = 常数）的直杆，且M_P图和$\overline{M}$图中至少有一个是直线图形。

2）竖标y_C必须取自直线图形（α = 常数），而不能从折线和曲线中取值。若$\overline{M}$图与M_P图都是直线图形，则y_C可以取自其中任一图形。

3）当 $\overline{M}$ 图与 M_P 图在杆轴同侧时，其乘积 ωy_C 取正号，异侧时，其乘积 ωy_C 取负号。

4）若 M_P 图是曲线图形，$\overline{M}$ 图是折线图形，则应当从转折点分开分段图乘，然后叠加。如图 16-12a，就应当分三段图乘，得

$$\int \frac{\overline{M}M_P}{EI} \mathrm{d}s = \frac{1}{EI}(\omega_1 y_1 + \omega_2 y_2 + \omega_3 y_3)$$

式中，ω_1、ω_2、ω_3 是各段曲线图形的面积；y_1、y_2、y_3 是各段曲线图形形心对应各段直线图形的竖标。

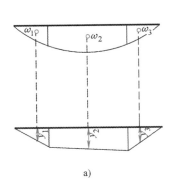 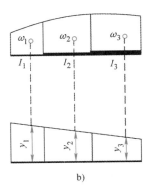

a)　　　　　　　　　　　　　b)

图　16-12

5）若为阶形杆（各段截面不同，而在每段范围内截面不变），则应当从截面变化点分段图乘，然后叠加。如图 16-12b 应分三段图乘，得

$$\int \frac{\overline{M}M_P}{EI} \mathrm{d}x = \frac{\omega_1 y_1}{EI_1} + \frac{\omega_2 y_2}{EI_2} + \frac{\omega_3 y_3}{EI_3}$$

6）若 EI 沿杆长连续变化，或是曲杆，则必须积分计算。

图乘之所以比积分省力，在于图形的面积及其形心位置可以预先算出或查表。现将常用的几种图形的面积及形心的位置列于图 16-13 中以备查用。需要指出，图中所示的抛物线均为标准抛物线。所谓标准抛物线是指顶点在中点或端点的抛物线。顶点是指其切线平行于底边的点。

当图形比较复杂，面积或形心位置不易直接确定时，则可将该图形分解为几个易于确定形心位置和面积的简单图形，将它们分别与另一图形相乘，然后将所得结果叠加。

图 16-14 所示两个梯形相乘时，可不必定出 M_P 图的梯形形心位置，而把它分解成两个三角形（也可分解为一个矩形和一个三角形）。此时

$$\frac{1}{EI} \int \overline{M}M_P \mathrm{d}x = \frac{1}{EI}(\omega_1 y_1 + \omega_2 y_2)$$

式中

$$\omega_1 = \frac{1}{2}al \qquad y_1 = \frac{1}{3}d + \frac{2}{3}c$$

$$\omega_2 = \frac{1}{2}bl \qquad y_2 = \frac{2}{3}d + \frac{1}{3}c$$

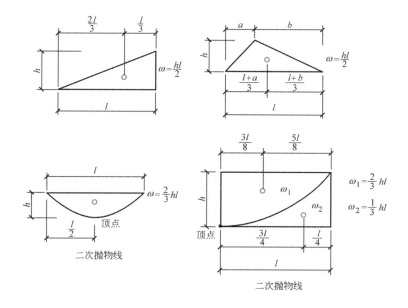

图　16-13

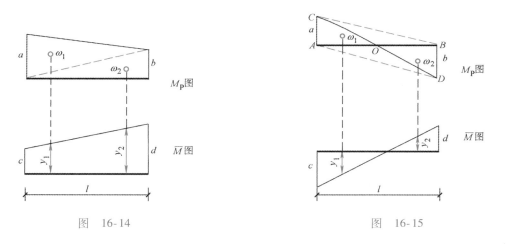

图　16-14　　　　　　　　　　　　图　16-15

如图 16-15 所示，M_P 图或 $\overline{M}$ 图的竖标 a、b 或 c、d 不在基线的同一侧，这时三角形 AOC 和 BOD 的面积及形心下对应的竖标计算均较麻烦，为此可将 M_P 图看作三角形 ABC 和三角形 ABD 的叠加，这样比较容易进行图乘，即

$$\frac{1}{EI}\int \overline{M}M_\mathrm{P}\mathrm{d}x = \frac{1}{EI}(\omega_1 y_1 + \omega_2 y_2)$$

式中
$$\omega_1 = \frac{1}{2}al \quad y_1 = \frac{2}{3}c - \frac{1}{3}d$$

$$\omega_2 = \frac{1}{2}bl \quad y_2 = \frac{2}{3}d - \frac{1}{3}c$$

对于在均布荷载作用下的任何一段直杆（图 16-16a），其弯矩图可划分为一个梯形与一个标准抛物线图形的叠加，这是因为这段直杆的弯矩图与图 16-16b 相应简支梁在两端力矩 M_A、M_B 和均布荷载 q 作用下的弯矩图是相同的。这里还需注意，所谓弯矩图的叠加是指其竖标的叠加，而不是图形的拼合。因此，叠加后的抛物线图形的所有竖标仍应为竖向的，而不是垂直于 M_A、M_B 连线的。这样，叠加后的抛物线图形与原标准抛物线在形状上并不相同，但二者任一处对应的竖标 y 和微段长度 $\mathrm{d}x$ 仍相等，因而对应的每一窄条微面积仍相等。由此可知，两个图形总的面积大小和形心位置仍然是相同的。因此，可将非标准抛物线划分为一个直线图形与一个标准抛物线叠加。

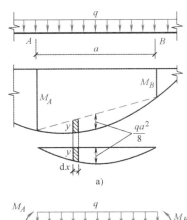

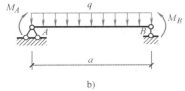

图 16-16

图乘法的解题步骤可归纳如下：

1）画出结构在实际荷载作用下的 M_P 图。

2）在所求位移处沿所求位移的方向虚设广义单位力，并画出 $\overline{M}$ 图。

3）分段计算 M_P（或 $\overline{M}$）图面积 ω 及其形心所对应的 $\overline{M}$（或 M_P）图形的竖标值 y_C。

4）将 ω、y_C 代入图乘公式计算所求位移。

例 16-4 求图 16-17a 所示简支梁中点 C 的竖向位移 Δ_{CV} 及 A 截面转角 φ_A。EI = 常数。

解 （1）求 Δ_{CV}。作 M_P 图（图 16-17b），其面积 $\omega = \frac{2}{3}l \times \frac{1}{8}ql$。再作 $\overline{M}$ 图（图 16-17c）。M_P 图中形心所对应的 $\overline{M}$ 图中的竖标为 $l/4$，于是

$$\Delta_{CV} = \frac{1}{EI} \times \frac{2l}{3} \times \frac{ql^2}{8} \times \frac{l}{4} = \frac{ql^4}{48EI} \quad (\downarrow)$$

由例 16-1 知，这个结果显然是错误的，原因在于 $\overline{M}$ 图是折线图形，应当从转折点分开，分段图乘，然后叠加。由于图形对称，只在左半部分图乘，再乘以 2 即可。左半部的 M_P 图仍然为标准抛物线，于是由图乘法得

$$\Delta_{CV} = \frac{1}{EI}\left(\frac{2}{3} \times \frac{l}{2} \times \frac{ql^2}{8}\right) \times \left(\frac{5}{8} \times \frac{l}{4}\right) \times 2 = \frac{5ql^4}{384EI} \quad (\downarrow)$$

结果为正，表明实际位移的方向与所设单位力指向一致。

（2）求 φ_A。其 $\overline{M}$ 图如图 16-17d 所示，与 M_P 图乘得

$$\varphi_A = -\frac{1}{EI}\left(\frac{2}{3} \times l \times \frac{ql^2}{8}\right) \times \frac{1}{2} = -\frac{ql^3}{24EI} \quad (\frown)$$

结果为负，表明实际转角方向与所设单位荷载方向相反，

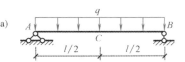

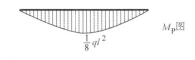

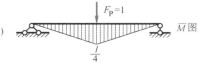

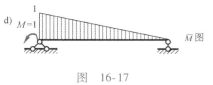

图 16-17

即 A 截面产生顺时针转角。

例 16-5　试求图 16-18a 所示外伸梁 C 点的竖向位移 Δ_{CV}。梁的 $EI =$ 常数。

解　作 M_P 图及 $\overline{M}$ 图（图 16-18b、c），BC 段的 M_P 图为标准二次抛物线；AB 段的 M_P 图为非标准抛物线，但可将其分解为一个三角形和一个标准抛物线图形的叠加（图 16-18d），于是由图乘法得

$$\Delta_{CV} = \frac{1}{EI}\left(\omega_1 y_1 + \omega_2 y_2 + \omega_3 y_3\right)$$

式中　$\omega_1 = \frac{1}{3} \times \frac{l}{2} \times \frac{ql^2}{8} = \frac{ql^3}{48}$　　$y_1 = \frac{3}{4} \times \frac{l}{2} = \frac{3l}{8}$

$\omega_2 = \frac{l}{2} \times \frac{ql^2}{8} = \frac{ql^3}{16}$　　$y_2 = \frac{2}{3} \times \frac{l}{2} = \frac{l}{3}$

$\omega_3 = \frac{2}{3} \times l \times \frac{ql^2}{8} = \frac{ql^3}{12}$　　$y_3 = \frac{1}{2} \times \frac{l}{2} = \frac{l}{4}$

代入以上数据，得

$$\Delta_{CV} = \frac{1}{EI}\left(\frac{ql^3}{48} \times \frac{3l}{8} + \frac{ql^3}{16} \times \frac{l}{3} - \frac{ql^3}{12} \times \frac{l}{4}\right) = \frac{ql^4}{128EI} \ (\downarrow)$$

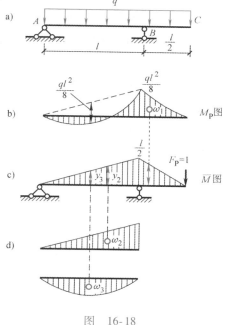

图　16-18

例 16-6　求图 16-19a 所示悬臂梁 B 端的角位移 φ_B 及竖向位移 Δ_{BV}。$EI = 5 \times 10^4 \text{kN} \cdot \text{m}^2$。

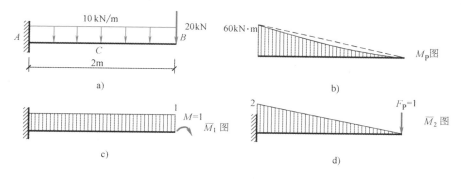

图　16-19

解　作 M_P 图与 $\overline{M}$ 图，如图 16-19b、c、d 所示。

M_P 图中 B 点不是抛物线的顶点$\left(\text{因为} \dfrac{\mathrm{d}M}{\mathrm{d}x} = F_{QC} \neq 0\right)$，所以不能直接用 $\omega = \frac{1}{3} \times 2 \times 60$，但可将它看作由 A、B 两端的弯矩竖标所连成的三角形与相应简支梁在均布荷载作用下的标准抛物线叠加而成。这样，将图 16-19b 与图 16-19c 相乘得

$$\varphi_B = \left[\frac{1}{5 \times 10^4} \times \left(\frac{1}{2} \times 2 \times 60 \times 1 - \frac{2}{3} \times 2 \times \frac{1}{8} \times 10 \times 2^2 \times 1\right)\right]\text{rad}$$

$$= 0.0011 \text{ rad} \ (\frown)$$

为了计算 Δ_{BV}，需将图 16-19b 与图 16-19d 相乘，得

$$\Delta_{BV} = \left[\frac{1}{5 \times 10^4} \times \left(\frac{1}{2} \times 2 \times 60 \times \frac{2}{3} \times 2 - \frac{2}{3} \times 2 \times \frac{1}{8} \times 10 \times 2^2 \times \frac{1}{2} \times 2\right)\right]\text{m}$$

$$= 0.0015\text{m} = 1.5\text{mm} \quad (\downarrow)$$

例 16-7　试求图 16-20a 所示刚架结点 B 的水平位移 Δ_{BH}。E 为常数。

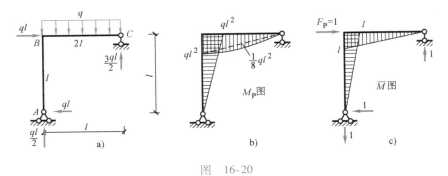

图　16-20

解　作 M_P 图和 $\overline{M}$ 图（图 16-20b、c），应用图乘法，求得

$$\Delta_{BH} = \frac{1}{EI} \times \frac{ql^2}{2} \times l \times \frac{2l}{3} + \frac{1}{2EI}\left[\frac{ql^2}{2}l \times \frac{2}{3}l + \left(\frac{2}{3} \times \frac{ql^2}{8}l\right) \times \frac{l}{2}\right]$$

$$= \frac{25ql^4}{48EI} \quad (\rightarrow)$$

例 16-8　试求图 16-21 所示刚架 C、D 两点之间的相对水平位移 Δ_{CDH}。各杆抗弯刚度均为 EI。

解　实际状态的 M_P 图如图 16-21b 所示。虚拟状态是在 C、D 两点沿其连线方向加一对指向相反的单位力，$\overline{M}$ 图如图 16-21c 所示。图乘时需分 AC、AB、BD 三段计算，由于 AC、BD 两段的 $M_P = 0$，所以图乘结果为零。AB 段的 M_P 图为一标准抛物线，故图乘结果为

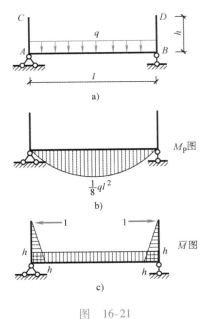

图　16-21

$$\Delta_{CDH} = \sum \frac{\omega y_C}{EI} = -\frac{1}{EI}\left(\frac{2}{3} \times l \times \frac{ql^2}{8}\right) \times h = -\frac{ql^3 h}{12EI} \quad (\rightarrow\leftarrow)$$

所得结果为负表示相对水平位移与所设一对单位力指向相反，即 C、D 两点是相互靠拢的。

例 16-9　图 16-22a 为组合结构，其中 BC、CD 为二力杆，其抗拉（压）刚度为 EA；AB 为梁式杆，抗弯刚度为 EI。在 C 点作用集中力 F_P，试求 C 点的竖向位移 Δ_{CV}。

解　分别求出二力杆的 F_{NP}、梁式杆的 M_P 图以及虚拟状态中二力杆的 $\overline{F}_N$、梁式杆的 $\overline{M}$ 图，如图 16-22b、c 所示。由式（16-8）可得

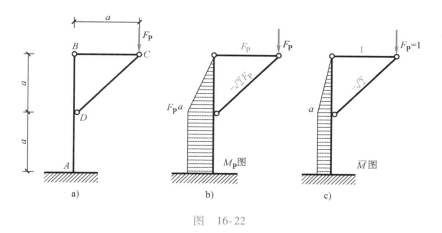

图　16-22

$$
\begin{aligned}
\Delta_{CV} &= \sum \frac{\overline{F}_N F_{NP} l}{EA} + \sum \frac{\omega y_C}{EI} \\
&= \frac{1}{EA}\left[1 \times F_P a + (-\sqrt{2}) \times (-\sqrt{2}F_P) \times \sqrt{2}a\right] + \\
&\quad \frac{1}{EI}\left(\frac{1}{2} \times a \times F_P a \times \frac{2}{3}a + F_P a \times a \times a\right) \\
&= \frac{(1+2\sqrt{2})\ F_P a}{EA} + \frac{4F_P a^3}{3EI} \quad (\downarrow)
\end{aligned}
$$

第六节　静定结构在支座移动时的位移计算

对于静定结构，支座移动并不产生内力和变形，结构的位移纯属刚体位移，对于简单的结构，这种位移可由几何关系直接求得，如图16-23，当 B 支座产生竖向位移 Δ 时，引起的 D 点竖向位移可由几何关系直接表示为 $\Delta_{DV}=\Delta/2$。但一般的结构仍用虚功原理来计算这种位移。

图　16-23

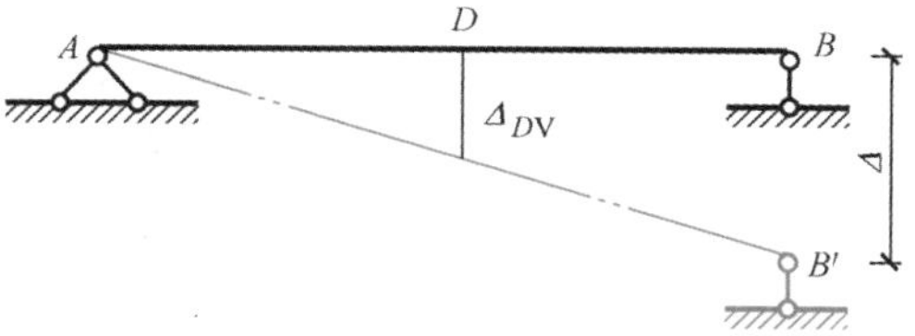

如图16-24a 所示静定结构，其支座发生水平位移 c_1，竖向位移 c_2 和转角 c_3，现要求由此引起的任一点沿任一方向的位移，如求 K 点竖向位移 Δ_{KV}，其虚拟状态如图16-24b 所示，由虚功原理推导出的位移计算的一般公式为

$$\Delta_K = \sum \int \overline{M} d\varphi + \sum \int \overline{F}_Q dv + \sum \int \overline{F}_N du - \sum \overline{F}_R c$$

由于实际状态中取出的微段 ds 的变形 $d\varphi = dv = du = 0$，于是上式可简化为

$$\Delta_K = -\sum \overline{F}_R c \tag{16-10}$$

这就是静定结构在支座移动时的位移计算公式。式中，$\overline{F}_R$ 为虚拟状态（图16-24b）的支座反力，c 为实际状态的支座位移，$\sum \overline{F}_R c$ 为反力虚功。当 $\overline{F}_R$ 与实际支座位移 c 方向一致时，其乘积取正，相反时取负。另外，式（16-10）右边前面还有一负号，系原来移项时所得，

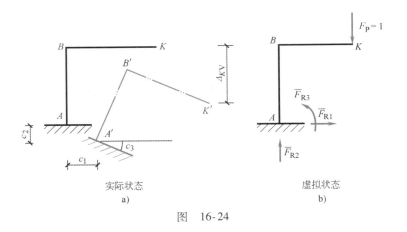

实际状态
a)

虚拟状态
b)

图　16-24

不可漏掉。

例 16-10　如图 16-25a 所示，三铰刚架的跨度 $l=12\mathrm{m}$，高 $h=8\mathrm{m}$。已知右支座 B 的竖向位移为 $c_1=0.06\mathrm{m}$（向下），水平位移为 $c_2=0.04\mathrm{m}$（向右），试求由此引起的 A 端转角 φ_A。

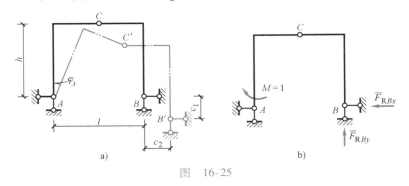

a)   b)

图　16-25

解　实际支座位移已知为
$$c_1=0.06\mathrm{m}\ (\downarrow)\qquad c_2=0.04\mathrm{m}\ (\rightarrow)$$
其余均为零。

虚拟状态如图 16-25b 所示。

计算各支座反力 $\overline{F}_R$。对于此题，由于实际状态中 A 支座无位移，即 A 支座处 c 均为零，故只计算虚拟状态中 B 支座反力 $\overline{F}_R$ 即可。考虑刚架的整体平衡，由 $\sum M_A=0$ 得
$$\overline{F}_{RBy}=\frac{1}{l}\ (\uparrow)$$

再考虑右半刚架的平衡，由 $\sum M_C=0$ 得
$$\overline{F}_{RBx}=\frac{1}{2h}\ (\leftarrow)$$

由式（16-10）可得
$$\varphi_A=-\sum\overline{F}_R c=-\left(-\frac{1}{l}\times0.06-\frac{1}{2h}\times0.04\right)\mathrm{rad}$$
$$=\left(\frac{0.06}{12}+\frac{0.04}{2\times8}\right)\mathrm{rad}=0.0075\mathrm{rad}\ (\curvearrowright)$$

计算结果为正，说明 φ_A 与虚设单位力偶的转向一致。

例16-11 图16-26a所示桁架各杆 EA 相同，支座 B 发生竖向位移 $c=0.5$ cm，求 C 点的水平位移 Δ_{CH}。

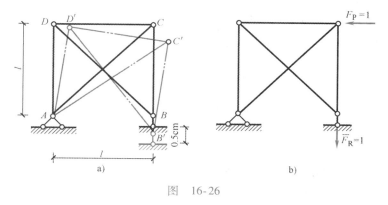

图 16-26

解 欲求 C 点的水平位移，在 C 点加水平单位力 $F_P=1$（图16-26b），其需要计算的支座反力 $\overline{F}_R$ 如图16-26b，则有

$$\Delta_{CH} = -\sum \overline{F}_R c = -(1 \times 0.5)\text{ cm} = -0.5\text{cm }(\rightarrow)$$

计算结果为负，说明虚设单位荷载方向与实际位移方向相反。

第七节 线弹性体系的互等定理

本节介绍线弹性体系的几个互等定理，即功的互等定理、位移互等定理、反力互等定理。其中最基本的是功的互等定理，其他两个定理都可由此定理推导出来。这些定理在超静定结构的分析中要经常引用。

一、功的互等定理

功的互等定理可直接由变形体虚功原理推导出来。

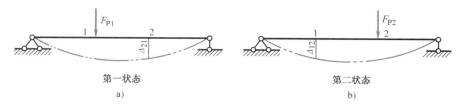

图 16-27

设有两组外力 F_{P1} 和 F_{P2} 分别作用于同一线弹性结构上，如图16-27a、b所示，分别称为结构的第一状态和第二状态。现在将第一状态作为力状态，第二状态作为位移状态，计算第一状态的外力和内力在第二状态相应的位移和变形上分别所做的虚功，并根据虚功原理，则有

$$F_{P1}\Delta_{12} = \sum \int \frac{M_1 M_2}{EI}\text{d}s + \sum \int k\frac{F_{Q1}F_{Q2}}{GA}\text{d}s + \sum \int \frac{F_{N1}F_{N2}}{EA}\text{d}s \qquad (c)$$

这里，位移 Δ_{21} 和 Δ_{12} 的含义与前相同。如 Δ_{21} 中，第一个下标"2"表示位移的地点和方向，即该位移是 F_{P2} 作用点沿 F_{P2} 方向上的位移；第二个下标"1"表示产生位移的原因，即该位

移是由 F_{P1} 所引起的。

如果将第二状态作为力状态，第一状态作为位移状态，计算第二状态的外力和内力在第一状态的相应位移和变形上分别所做的虚功，则有

$$F_{P2}\Delta_{21} = \sum \int \frac{M_2 M_1}{EI}ds + \sum \int k\frac{F_{Q2}F_{Q1}}{GA}ds + \sum \int \frac{F_{N2}F_{N1}}{EA}ds \qquad (d)$$

比较式（c）和式（d）可知，两式右边是相等的，因此左边也应相等，即

$$F_{P1}\Delta_{12} = F_{P2}\Delta_{21} \qquad\qquad (16\text{-}11)$$

这表明：第一状态的外力在第二状态的位移上所做的虚功，等于第二状态外力在第一状态的位移上所做的虚功。这就是功的互等定理。

二、位移互等定理

位移互等定理是功的互等定理的一种特殊情况。

如图 16-28 所示，假设两个状态中的荷载都是单位力，即 $F_{P1} = F_{P2} = 1$，则由功的互等定理式（16-11）得

$$1 \times \Delta_{12} = 1 \times \Delta_{21}$$

即

$$\Delta_{12} = \Delta_{21}$$

为了有所区别，凡单位力引起的位移都改用小写字母表示，于是将上式写成

$$\delta_{12} = \delta_{21} \qquad\qquad (16\text{-}12)$$

这就是位移互等定理。它表明：第二个单位力所引起的在第一个单位力作用点沿其方向的位移，等于第一个单位力所引起的在第二个单位力作用点沿其方向的位移。

这里，单位力 F_{P1} 及 F_{P2} 都可以是广义力，而 δ_{12} 和 δ_{21} 则是相应的广义位移。如图 16-29 所示的两个状态中，根据位移互等定理，应有 $\varphi_B = y_C$。实际上，由材料力学可知

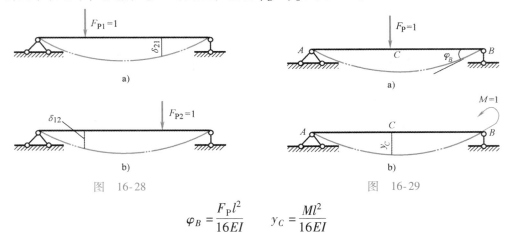

图　16-28　　　　　　　　　图　16-29

$$\varphi_B = \frac{F_P l^2}{16EI} \qquad y_C = \frac{Ml^2}{16EI}$$

因为 $F_P = 1$、$M = 1$（注意，这里的 1 都是无量纲的量），故有 $\varphi_B = y_C = \dfrac{l^2}{16EI}$。可见，虽然 φ_B 代表单位力引起的角位移，y_C 代表单位力偶引起的线位移，含义不同，但此时二者在数值上是相等的，量纲也相同。

位移互等定理将在力法计算超静定结构中得到应用。

三、反力互等定理

这一定理是功的互等定理的另一种特殊情况。它用来说明超静定结构在两个支座分别发生单位位移时，这两种状态中反力的互等关系。

图 16-30 所示为两个支座分别发生单位位移的两种状态。其中图 16-30a 表示支座 1 发生单位位移 $\Delta_1 = 1$ 的状态，设此时在支座 2 上产生的反力为 k_{21}；图 16-30b 则表示支座 2 发生单位位移 $\Delta_2 = 1$ 的状态，此时在支座 1 上产生的反力为 k_{12}。其他支座反力未在图中一一绘出，因为它们所对应另一状态的位移都等于零而不做虚功。根据功的互等定理，有

$$k_{12}\Delta_1 = k_{21}\Delta_2$$

因 $\Delta_1 = \Delta_2 = 1$，故得

$$k_{12} = k_{21} \qquad (16\text{-}13)$$

这就是反力互等定理。它表明：支座 1 发生单位位移所引起的支座 2 的反力，等于支座 2 发生单位位移所引起的支座 1 的反力。

图 16-31 表示反力互等的另一例子，应用上述定理，便可得知反力矩 k_{12} 和反力 k_{21} 在数值上具有互等的关系。

反力互等定理将在位移法计算超静定结构中得到应用。

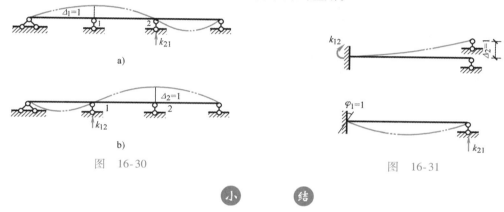

图　16-30　　　　　　　　图　16-31

小　结

一、概念和原理

虚功和虚功原理　　单位荷载法　　功的互等原理　　位移互等定理　　反力互等定理

二、静定结构的位移计算公式

在荷载作用下位移计算的一般公式为

$$\Delta_K = \sum \int \frac{\overline{M}M_P}{EI}ds + \sum \int k\frac{\overline{F}_Q F_{QP}}{GA}ds + \sum \frac{\overline{F}_N F_{NP}l}{EA}$$

在实际工程中，针对各种不同结构形式，根据其受力特点，忽略影响变形的次要因素，使位移计算公式更简便。

桁架的位移计算公式为

$$\Delta_K = \sum \frac{\overline{F}_N F_{NP}l}{EA}$$

梁和刚架的位移计算公式为

$$\Delta_K = \sum \int \frac{\overline{M}M_P}{EI}ds$$

图乘法计算公式为

$$\Delta_{KP} = \sum \frac{\omega y_C}{EI}$$

组合结构的位移计算公式为

$$\Delta_K = \sum \int \frac{\overline{M}M_P}{EI}ds + \sum \frac{\overline{F}_N F_{NP} l}{EA}$$

在支座移动情况下的位移计算公式为

$$\Delta_C = - \sum \overline{F}_R c$$

 思 考 题

16-1 什么是线位移？什么是角位移？什么是相对位移？

16-2 何谓虚功？变形体的虚功原理是怎样叙述的？

16-3 说明式（16-5）各项的物理意义。

16-4 应用单位荷载法求位移时，所求位移方向如何确定？

16-5 为什么说式（16-2）既适用于静定结构又适用于超静定结构？

16-6 图乘法的应用条件是什么？怎样确定图乘结果的正负号？求连续变截面梁和拱的位移时，是否可以用图乘法？

16-7 反力互等定理是否可用于静定结构？试述其理由。

16-8 图 16-32 所示的图乘示意图是否正确？如不正确请改正之。

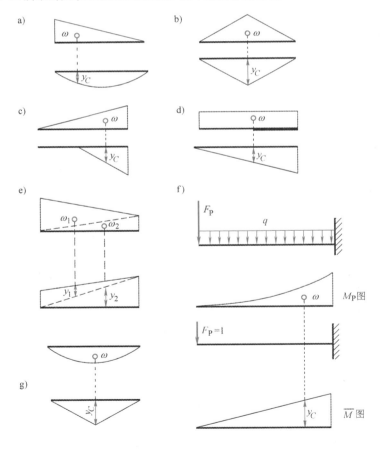

图 16-32

16-1　用积分法计算如图 16-33 所示各结构的指定位移。

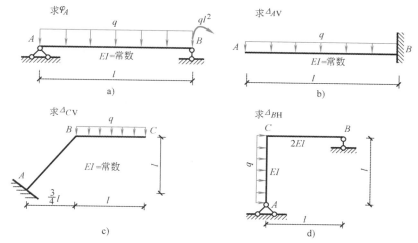

图　16-33

16-2　计算图 16-34 所示桁架 B 点的竖向位移 Δ_{BV}。设各杆的截面面积 $A = 10\text{cm}^2$，$E = 2.1 \times 10^4\text{kN} \cdot \text{cm}^2$。

16-3　求图 16-35 所示桁架结点 C 的水平位移 Δ_{CH}。设各杆 EA 相等。

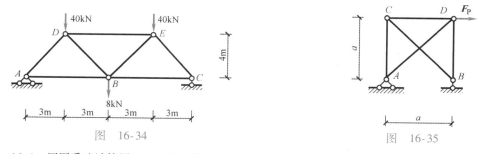

图　16-34　　　　　　　　　　　　　　　图　16-35

16-4　用图乘法计算图 16-36 所示等截面梁 C 点的竖向位移 Δ_{CV}。EI = 常数。

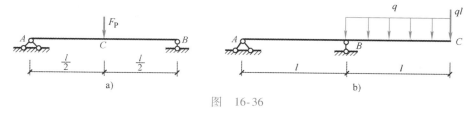

图　16-36

16-5　用图乘法计算图 16-37 所示刚架的指定位移。

16-6　求图 16-38 所示三铰刚架 C 点竖向位移及 B 截面转角（已知 $EI = 2.1 \times 10^8\text{kN} \cdot \text{cm}^2$）。

16-7　求图 16-39 所示刚架 A 点的水平位移 Δ_{AH} 及竖向位移 Δ_{AV}。

16-8　求图 16-40 所示三铰刚架铰 C 左右两截面相对转角。

16-9　图 16-41 所示组合结构横梁 AD 为 20b 工字钢，拉杆 BC 为直径 $d = 20\text{mm}$ 的圆钢，材料的 $E = 210\text{GPa}$，$q = 5\text{kN/m}$，$a = 2\text{m}$，试求 D 点竖向位移。

16-10　在图 16-42 所示刚架中，其支座 B 有竖向沉陷 b，试求 C 点的水平位移 Δ_{CH}。

16-11　图 16-43 所示梁支座 B 下沉 $\Delta = 0.2\text{cm}$，求 E 截面竖向位移。

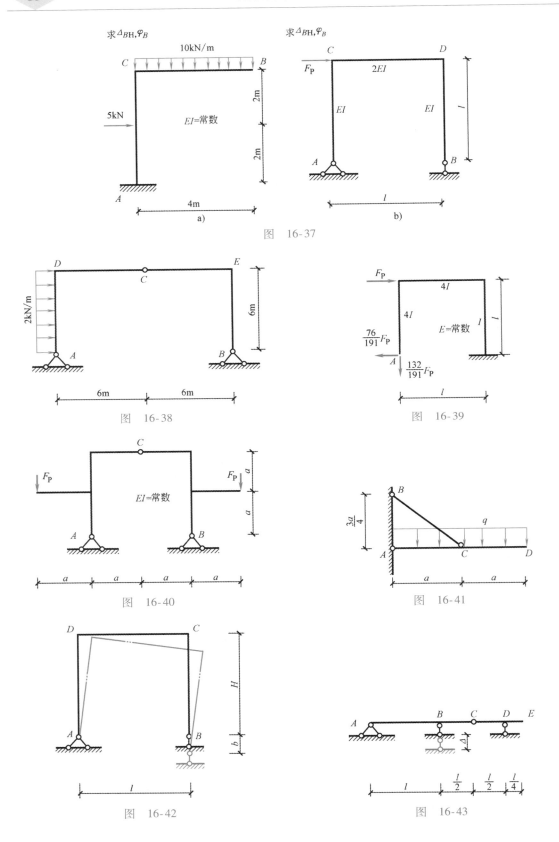

求 Δ_{BH}, φ_B

a)

求 Δ_{BH}, φ_B

b)

图　16-37

图　16-38

图　16-39

图　16-40

图　16-41

图　16-42

图　16-43

第十七章　力　　法

1. 理解超静定结构的概念；熟练掌握用撤去多余约束的方法判断超静定次数的方法。

2. 理解力法的基本思路，基本未知量和基本结构的选择，力法方程的建立及力法典型方程中系数和自由项的物理意义。

3. 熟练掌握用力法计算荷载作用下超静定结构内力的计算方法。

4. 掌握利用对称性简化计算的方法，能选择对称的基本体系和利用半结构计算对称结构。

5. 掌握超静定结构位移计算的方法及最后内力图的校核方法。

6. 通过和静定结构比较，了解超静定结构的特性。

第一节　超静定结构的概念

超静定结构是工程实际中常用的一类结构。前已述及，超静定结构是具有多余约束的几何不变体系，它的约束力和内力仅用静力平衡条件不能全部求出。如图17-1所示的连续梁，在荷载 F_P 作用下，它的水平支座反力虽可由静力平衡条件求出，但其竖向支座反力只凭静力平衡条件却无法确定，于是也就不能进一步求出其内力。所以，超静定结构的内力计算必须考虑结构的位移条件。

图　17-1

常见的超静定结构有：超静定梁（图17-2a），超静定刚架（图17-2b），超静定桁架（图17-2c），超静定拱（图17-2d），超静定组合结构（图17-2e），铰接排架（图17-2f）等。

超静定结构最基本的计算方法有两种：一种是取某些力作基本未知量的力法；另一种是取某些位移作基本未知量的位移法。此外，还有各种各样派生出来的方法，如力矩分配法就是由位移法派生出来的一种方法。这些计算方法将在本章和以下两章分别介绍。

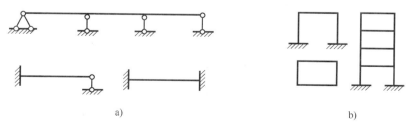

a)　　　　　　　　　　　　　　　　b)

图　17-2

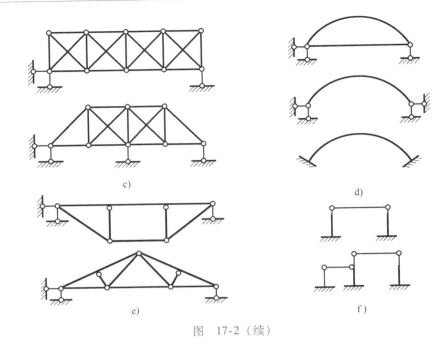

c)

d)

e)

f)

图　17-2（续）

第二节　力法的基本概念

下面以图 17-3a 所示超静定梁为例，来说明力法的基本概念。

一、力法的基本结构和基本未知量

图 17-3a 所示超静定梁有一个多余约束，为一次超静定结构。

若将支座 B 作为多余约束去掉，代之以多余未知力 X_1，则得到图 17-3b 所示的静定结构。**这种含有多余未知力和荷载的静定结构称为力法的基本体系**。与之相应，把图 17-3c 所示的去掉多余未知力和荷载的静定结构称为力法的基本结构。如果设法求出多余未知力 X_1，那么原超静定结构（简称原结构）的计算问题就可转化为静定结构的计算问题。因此，**多余未知力是最基本的未知力，称为力法的基本未知量**。

二、力法的基本方程

对图 17-3b 所示的基本体系，只考虑平衡条件，则 X_1 无论为何值均可满足，因而无法确定。所以必须进一步考虑基本体系的位移条件。

对比原结构与基本体系的变形情况可知，原结构在支座 B 处是没有竖向位移的，而基本体系在 B 处的竖向位移是随 X_1 而变化的，只有当 X_1 的数值与原结构在支座 B 处

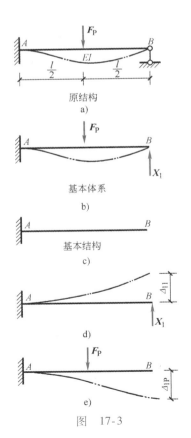

原结构

a)

基本体系

b)

基本结构

c)

d)

e)

图　17-3

产生的支座反力相等时，才能使基本结构在原有荷载 F_P 和多余未知力 X_1 共同作用下产生的 B 点的竖向位移等于零。所以，用来确定多余未知力 X_1 的位移条件为：基本结构在原有荷载和多余未知力共同作用下，在去掉多余约束处的位移 Δ_1（即沿 X_1 方向上的位移）应与原结构中相应的位移相等，即

$$\Delta_1 = 0$$

设以 Δ_{11} 和 Δ_{1P} 分别表示多余未知力 X_1 和荷载 F_P 单独作用于基本结构时点 B 沿 X_1 方向上的位移（图 17-3d、e），并规定与所设 X_1 方向相同者为正。根据叠加原理，有

$$\Delta_1 = \Delta_{11} + \Delta_{1P} = 0$$

再令 δ_{11} 表示 X_1 为单位力（即 $X_1 = 1$）时，点 B 沿 X_1 方向上的位移，则有 $\Delta_{11} = \delta_{11}X_1$，于是上式可写为

$$\delta_{11}X_1 + \Delta_{1P} = 0 \tag{a}$$

这就是一次超静定结构的**力法基本方程**。由于 δ_{11} 和 Δ_{1P} 都是静定结构在已知外力作用下的位移，故均可按第十六章所述方法求得。

现计算位移 δ_{11} 和 Δ_{1P}。首先，分别绘出 $X_1 = 1$ 及荷载 F_P 单独作用于基本结构时的弯矩图 $\overline{M}_1$ 和 M_P（图 17-4a、b）。

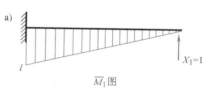

a)

$\overline{M}_1$ 图

由图乘法计算这些位移时，$\overline{M}_1$ 图和 M_P 图分别是基本结构在 $X_1 = 1$ 及荷载 F_P 作用下的实际状态弯矩图，同时 $\overline{M}_1$ 图又可看作为求点 B 沿 X_1 方向上的位移的虚拟状态弯矩图。故计算 δ_{11} 时可用 $\overline{M}_1$ 图乘 $\overline{M}_1$ 图，简称 $\overline{M}_1$ 图的"自乘"。即

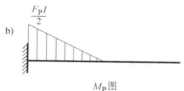

b)

M_P 图

$$\delta_{11} = \sum \int \frac{\overline{M}_1 \, \overline{M}_1}{EI} dx = \frac{1}{EI} \times \frac{l^2}{2} \times \frac{2l}{3} = \frac{l^3}{3EI}$$

同理可以 $\overline{M}_1$ 图乘 M_P 图，计算 Δ_{1P}，得

$$\Delta_{1P} = \sum \int \frac{\overline{M}_1 \, M_P}{EI} dx$$

$$= \frac{-1}{EI} \times \frac{1}{2} \times \frac{F_P l}{2} \times \frac{l}{2} \times 5/6 l$$

$$= -\frac{5 F_P l^3}{48EI}$$

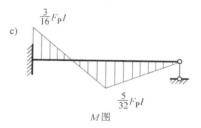

c)

M 图

将 δ_{11} 和 Δ_{1P} 代入式（a）得

$$\frac{l^3}{3EI} X_1 - \frac{5 F_P l^3}{48EI} = 0$$

由此求出

$$X_1 = \frac{5}{16} F_P \ (\uparrow)$$

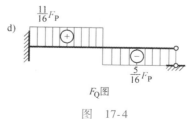

d)

F_Q 图

图 17-4

求得的 X_1 为正，表明 X_1 的实际方向与原假设方向相同。

多余未知力求出以后，即可按静力平衡条件求得其反力及内力，并作最后的弯矩图和剪力图，如图17-4c、d所示。原结构上任意截面处的弯矩也可根据叠加原理，按下式计

算，即

$$M = \overline{M}_1 X_1 + M_{\mathrm{P}}$$

例如，A 截面的弯矩为

$$M_{AB} = l \times \frac{5}{16} F_{\mathrm{P}} - \frac{F_P l}{2} = -\frac{3 F_P l}{16} \ (\text{上侧受拉})$$

综上所述，力法是以多余未知力作为基本未知量，取去掉多余约束后的静定结构为基本结构，并根据基本体系去掉多余约束处的已知位移条件建立基本方程，将多余未知力首先求出，而以后的计算即与静定结构无异。它可用来分析任何类型的超静定结构。

第三节　超静定次数的确定与基本结构

超静定次数是指超静定结构中多余约束的个数。通常，可以用去掉多余约束使原结构变成静定结构的方法来确定超静定次数。如果原结构在去掉 n 个约束后，就成为静定的，则原结构的超静定次数是 n 次。在超静定结构中去掉多余约束的方式有以下几种：

1）去掉一根支座链杆或切断一根链杆，相当于去掉一个约束。

2）拆除一个单铰或去掉一个铰支座，相当于去掉两个约束。

3）切断一根梁式杆或去掉一个固定支座，相当于去掉三个约束。

4）把刚性连接改为单铰连接或把固定支座改为铰支座，相当于去掉一个约束。

应用这些去掉多余约束的基本方式，可以确定任何结构的超静定次数。如图 17-5a、b、c、d 所示超静定结构，在去掉或切断多余约束后，即变为图 17-6a、b、c、d 所示的静定结构，其中 X_i 表示相应的多余未知力。因此，原结构的超静定次数分别为 2、1、5、3。需要指出，对于同一结构，可用各种不同方式去掉多余约束而得到不同的静定结构。但是，无论哪种方式，所去掉的多余约束的个数必然是相等的。

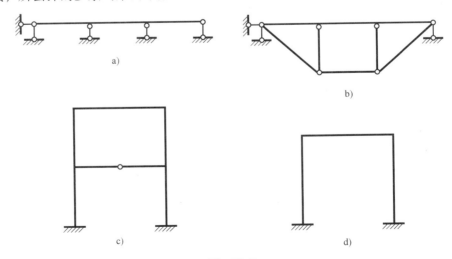

图　17-5

由于去掉多余约束的方式的多样性，所以，在力法计算中，同一结构的基本结构可有各

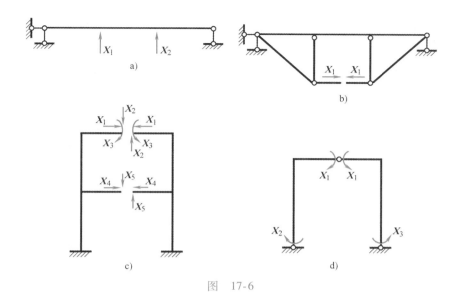

图 17-6

种不同的形式。如图 17-7a 所示结构，可以将某一截面改成铰接而得到图 17-7b 所示的基本结构，也可以去掉两铰支座中任一根水平链杆，得到图 17-7c 所示的基本结构。但应注意，基本结构必须是几何不变的，因此，某些约束是绝对不能去掉的。如对于上述结构，其中任一根竖向支座链杆都不能去掉，否则将成为瞬变体系（图 17-7d）。又如图 17-5a 所示的连续梁，其水平支座链杆也不能去掉，否则将成为几何可变体系。

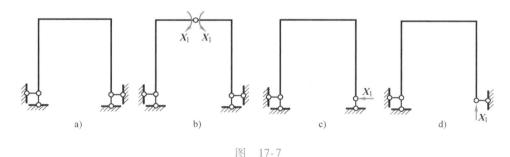

图 17-7

第四节 力法典型方程

如前所述，用力法计算超静定结构的关键在于根据位移条件建立力法方程，以求解多余未知力。下面以图 17-8a 所示三次超静定刚架为例，说明如何建立多次超静定结构的力法基本方程。

现去掉支座 B 的三个多余约束，并以相应的多余未知力 X_1、X_2 和 X_3 代替，则基本体系如图 17-8b 所示。

由于原结构在固定支座 B 处不可能有任何位移，因此，在承受原荷载和全部多余未知力的基本体系上，也必须保证这样的位移条件，即在点 B 沿 X_1、X_2 和 X_3 方向上的相应位移

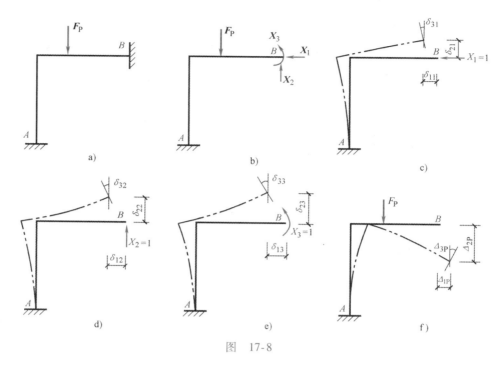

图 17-8

Δ_1、Δ_2 和 Δ_3 都应为零。

设当各单位力 $X_1 = 1$、$X_2 = 1$、$X_3 = 1$ 和荷载 F_P 分别作用于基本结构上时，点 B 沿 X_1 方向上的位移分别为 δ_{11}、δ_{12}、δ_{13} 和 Δ_{1P}；沿 X_2 方向上的位移分别为 δ_{21}、δ_{22}、δ_{23} 和 Δ_{2P}；沿 X_3 方向上的位移分别为 δ_{31}、δ_{32}、δ_{33} 和 Δ_{3P}（图 17-8c、d、e、f）。根据叠加原理，可将基本体系应满足的位移条件表示为

$$\left.\begin{aligned}
\Delta_1 &= \delta_{11}X_1 + \delta_{12}X_2 + \delta_{13}X_3 + \Delta_{1P} = 0 \\
\Delta_2 &= \delta_{21}X_1 + \delta_{22}X_2 + \delta_{23}X_3 + \Delta_{2P} = 0 \\
\Delta_3 &= \delta_{31}X_1 + \delta_{32}X_2 + \delta_{33}X_3 + \Delta_{3P} = 0
\end{aligned}\right\}$$

这就是求解多余未知力 X_1、X_2 和 X_3 所要建立的力法基本方程。其物理意义是基本结构在全部多余未知力和已知荷载共同作用下，在去掉多余约束处的位移应与原结构中相应的位移相等。

对于 n 次超静定结构，力法的基本结构是从原结构中去掉 n 个多余约束得到的静定结构，力法的基本未知量是与 n 个多余约束对应的多余未知力 X_1、X_2、$\cdots$、X_n，当原结构在去掉多余约束处的位移为零时，相应地也就有 n 个已知位移条件。据此就可以建立 n 个力法方程，即

$$\left.\begin{aligned}
\Delta_1 &= \delta_{11}X_1 + \delta_{12}X_2 + \cdots + \delta_{1n}X_n + \Delta_{1P} = 0 \\
\Delta_2 &= \delta_{21}X_1 + \delta_{22}X_2 + \cdots + \delta_{2n}X_n + \Delta_{2P} = 0 \\
&\qquad\qquad\qquad\vdots \\
\Delta_n &= \delta_{n1}X_1 + \delta_{n2}X_2 + \cdots + \delta_{nn}X_n + \Delta_{nP} = 0
\end{aligned}\right\} \qquad (17-1)$$

式（17-1）中，位于从左上方至右下方的一条对角线上的系数 δ_{ii}（$i = 1$、2、$\cdots n$）称为**主系数**，其他的系数 δ_{ij}（i、$j = 1$、2、$\cdots n$）称为**副系数**，最后一项 Δ_{iP} 称为**自由项**。所有的系数和自由项都是基本结构在去掉多余约束处沿某一多余未知力方向上的位移，并规定与所设多余未知力方向一致的为正。显然，主系数都是正值，且不会为零；副系数和自由项则可正、可负、也可为零。根据位移互等定理，有

$$\delta_{ij} = \delta_{ji}$$

因为基本结构是静定的，所以力法方程中的系数和自由项都可按第十六章所述求位移的方法求得。

式（17-1）在组成上具有一定的规律性，无论超静定结构的类型、次数及所选基本结构如何，它们在荷载作用下所得的力法方程都与式（17-1）相同，故称为**力法的典型方程**。

解力法方程得到多余未知力后，超静定结构的内力可根据平衡条件求出，或按下述叠加原理求出弯矩。

$$\left.\begin{aligned}
M &= \overline{M}_1 X_1 + \overline{M}_2 X_2 + \cdots + \overline{M}_n X_n + M_P \\
F_Q &= \overline{F}_{Q1} X_1 + \overline{F}_{Q2} X_2 + \cdots + \overline{F}_{Qn} X_n + F_{QP} \\
F_N &= \overline{F}_{N1} X_1 + \overline{F}_{N2} X_2 + \cdots + \overline{F}_{Nn} X_n + F_{NP}
\end{aligned}\right\} \tag{17-2}$$

式中，$\overline{M}_i$、$\overline{F}_{Qi}$ 和 $\overline{F}_{Ni}$ 是基本结构由于 $X_i = 1$ 作用而产生的内力，M_P、F_{QP} 和 F_{NP} 是基本结构由于荷载作用而产生的内力。在应用式（17-2）第一式求出弯矩后，也可以直接应用平衡条件求其剪力 F_Q 和轴力 F_N。

第五节　力法的计算步骤及计算示例

力法的计算步骤可归纳如下：

1）去掉原结构的多余约束并代之以多余未知力，选取基本体系。

2）根据基本结构在多余未知力和原荷载的共同作用下，在去掉多余约束处的位移应与原结构中相应的位移相等的位移条件，建立力法典型方程。

3）作出基本结构的单位弯矩图和荷载弯矩图，或写出内力表达式，按求静定结构位移的方法，计算系数和自由项。

4）解方程，求解多余未知力。

5）作内力图。

下面分别举例说明用力法计算荷载作用下的超静定梁、刚架、桁架、组合结构和排架的内力的方法。

一、超静定梁和刚架

计算超静定梁和刚架时，通常忽略轴力和剪力的影响，而只考虑弯矩的影响，因而使计算得到简化。

例 17-1　用力法计算图 17-9a 所示的超静定梁的内力，$EI = $ 常数。

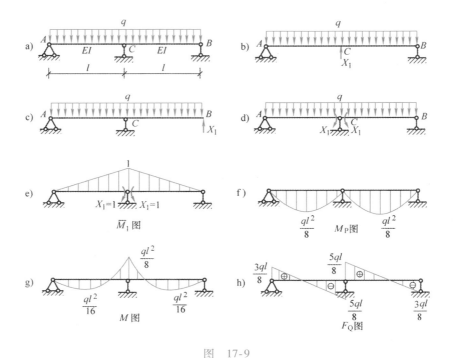

图　17-9

解　（1）选取基本体系。此梁为一次超静定结构，选取基本体系有多种形式。图17-9b、c、d所示都可作为基本体系。现选取图17-9d所示基本体系进行计算。

（2）建立力法典型方程。根据支座 A 处的水平位移和转角应等于零的条件，建立力法典型方程如下：

$$\delta_{11}X_1 + \Delta_{1P} = 0$$

（3）求系数和自由项。绘出 $\overline{M}_1$ 图和 M_P 图，如图 17-9e、f 所示。各系数和自由项计算如下：

$$\delta_{11} = \sum \int \frac{\overline{M}_1^2}{EI}\mathrm{d}x = \frac{1}{EI}\left(\frac{1}{2} \times 1 \times l \times \frac{2}{3}\right) \times 2 = \frac{2l}{3EI}$$

$$\Delta_{1P} = \sum \int \frac{\overline{M}_1 M_P}{EI}\mathrm{d}x = -\frac{1}{EI}\left(\frac{2}{3} \times l \times \frac{ql^2}{8} \times \frac{1}{2}\right) \times 2 = -\frac{ql^3}{12EI}$$

（4）求多余未知力。将系数和自由项代入力法典型方程，得

$$\frac{2l}{3EI}X_1 - \frac{ql^3}{12EI} = 0$$

解方程得

$$X_1 = \frac{ql^2}{8}$$

（5）作内力图。梁端弯矩可按　$M = \overline{M}_1 X_1 + M_P$ 计算，得最后弯矩图如图 17-9g 所示。由静力平衡条件，作剪力图，如图 17-9h 所示。

例 17-2　试作图 17-10a 所示刚架的内力图，$EI =$ 常数。

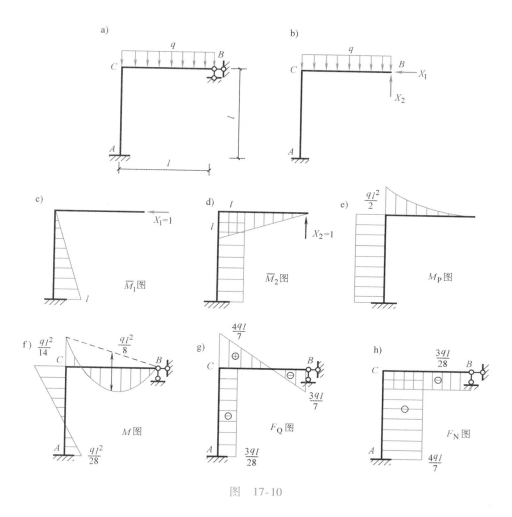

图 17-10

解 （1）选取如图 17-10b 所示的基本体系。

（2）建立力法典型方程。

$$\delta_{11}X_1 + \delta_{12}X_2 + \Delta_{1P} = 0$$

$$\delta_{21}X_1 + \delta_{22}X_2 + \Delta_{2P} = 0$$

（3）求系数和自由项。绘出各单位弯矩 $\overline{M}_1$、$\overline{M}_2$ 图和荷载弯矩 M_P 图（图 17-10c、d、e）。利用图乘法计算求得各系数和自由项如下：

$$\delta_{11} = \sum \int \frac{\overline{M}_1^2}{EI}dx = \frac{1}{EI}\left(\frac{l^2}{2} \times \frac{2l}{3}\right) = \frac{l^3}{3EI}$$

$$\delta_{22} = \sum \int \frac{\overline{M}_2^2}{EI}dx = \frac{1}{EI}\left(\frac{l^2}{2} \times \frac{2l}{3} + l^2 \times l\right) = \frac{4l^3}{3EI}$$

$$\delta_{12} = \delta_{21} = \sum \int \frac{\overline{M}_1 \overline{M}_2}{EI}dx = \frac{1}{EI}\left(\frac{l^2}{2} \times l\right) = \frac{l^3}{2EI}$$

$$\Delta_{1P} = \sum \int \frac{\overline{M}_1 M_P}{EI} dx = -\frac{1}{EI}\left(\frac{l^2}{2} \times \frac{ql^2}{2}\right) = -\frac{ql^4}{4EI}$$

$$\Delta_{2P} = \sum \int \frac{\overline{M}_2 M_P}{EI} dx = -\frac{1}{EI}\left(\frac{1}{3} \times \frac{ql^2}{2} \times l \times \frac{3l}{4} + \frac{ql^2}{2} \times l \times l\right) = -\frac{5ql^4}{8EI}$$

（4）求多余未知力。将系数和自由项代入力法方程，并消去$\dfrac{l^3}{EI}$，得

$$\frac{1}{3}X_1 + \frac{1}{2}X_2 - \frac{ql}{4} = 0$$

$$\frac{1}{2}X_1 + \frac{4}{3}X_2 - \frac{5ql}{8} = 0$$

解联立方程，得

$$X_1 = \frac{3}{28}ql \qquad X_2 = \frac{3}{7}ql$$

从以上结果可以看出，在荷载作用下，多余未知力的大小只与各杆 EI 的相对值有关，而与各杆 EI 的绝对值无关。

（5）作内力图。各杆端弯矩可按 $M = \overline{M}_1 X_1 + \overline{M}_2 X_2 + M_P$ 计算，最后弯矩图如图 17-10f 所示。

至于剪力图和轴力图，在多余未知力求出后，可直接由图 17-10b 所示的基本体系作出，如图 17-10g、h 所示。

二、超静定桁架和组合结构

由于桁架是链杆体系，故力法典型方程中系数和自由项的计算，只考虑轴力的影响。而在组合结构中既有链杆，又有梁式杆，所以计算系数和自由项时，对链杆只考虑轴力的影响；对梁式杆通常忽略轴力和剪力的影响，而只考虑弯矩的影响。

例 17-3　试计算图 17-11a 所示桁架各杆的轴力。已知各杆的 EA 为常数。

解　（1）选取基本体系。此桁架为一次超静定结构。现将杆 BD 切断并代以多余未知力 X_1，其基本体系如图 17-11b 所示。

（2）建立力法典型方程。根据切口两侧截面沿杆轴向的相对线位移应等于零的位移条件，建立力法典型方程如下：

$$\delta_{11}X_1 + \Delta_{1P} = 0$$

（3）求系数和自由项。分别求出单位力 $X_1 = 1$ 和荷载单独作用于基本结构时所产生的轴力，如图 17-11c、d 所示。计算各系数和自由项如下：

$$\delta_{11} = \sum \frac{\overline{F}_{N1}^2 l}{EA} = \frac{1}{EA}\left[\left(-\frac{1}{\sqrt{2}}\right)^2 \times l \times 4 + 1^2 \times \sqrt{2}l \times 2\right]$$

$$= \frac{2 \times (1 + \sqrt{2})l}{EA}$$

$$\Delta_{1P} = \sum \frac{\overline{F}_{N1} F_{NP} l}{EA} = \frac{1}{EA}\left[\left(-\frac{1}{\sqrt{2}}\right) \times (-F_P) \times l \times 2 + 1 \times \sqrt{2}F_P \times \sqrt{2}l\right]$$

$$= \frac{(2 + \sqrt{2})F_P l}{EA}$$

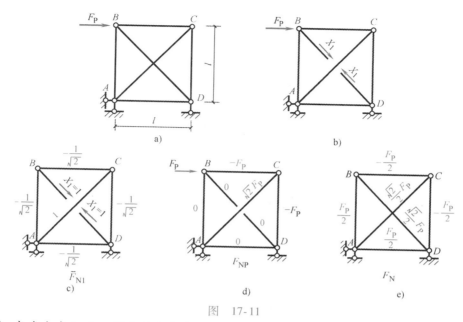

图 17-11

（4）求多余未知力。将系数和自由项代入典型方程求解，得

$$X_1 = -\frac{\Delta_{1P}}{\delta_{11}} = \frac{-(2+\sqrt{2})F_P l}{EA} \times \frac{EA}{2 \times (1+\sqrt{2})l} = -\frac{\sqrt{2}}{2}F_P$$

（5）求各杆的最后轴力。由公式 $F_N = \overline{F}_{N1} X_1 + F_{NP}$ 求得各杆轴力如图 17-11e 所示。

例 17-4 试求图 17-12a 所示超静定组合结构的内力。各杆的刚度如下：

梁式杆 AB：$EI = 1.989 \times 10^4 \text{kN} \cdot \text{m}^2$，$EA = 2.484 \times 10^6 \text{kN}$。

链杆 AE、EF、FB：$EA = 2.464 \times 10^5 \text{kN}$。

链杆 CE、DF：$EA = 4.95 \times 10^5 \text{kN}$。

解 （1）选取基本体系。此组合结构为一次超静定结构。现将链杆 EF 切断并代以多余未知力 X_1，其基本体系如图 17-12b 所示。

（2）建立力法典型方程。根据切口处两侧截面的相对位移应为零的条件，可建立力法典型方程为

$$\delta_{11} X_1 + \Delta_{1P} = 0$$

（3）求系数和自由项。分别绘制基本结构在 $X_1 = 1$ 和荷载单独作用下的弯矩图 $\overline{M}_1$ 图和 M_P 图，并计算出各杆的轴力，如图 17-12c、d 所示。求得系数和自由项如下：

$$\delta_{11} = \sum \int \frac{\overline{M}_1^2}{EI} \mathrm{d}x + \sum \frac{\overline{F}_{N1}^2 l}{EA}$$

$$= \left[\frac{1}{1.989 \times 10^4} \times \left(\frac{1}{2} \times 1.5 \times 2 \times \frac{2}{3} \times 1.5 \times 2 + \right.\right.$$

$$1.5 \times 4 \times 1.5 \left) + \frac{1}{2.484 \times 10^6} \times (-1)^2 \times 8 + \right.$$

$$\frac{1}{2.464 \times 10^5} \times (1.25^2 \times 2.5 \times 2 + 1^2 \times 4) +$$

$$\frac{1}{4.95 \times 10^5} \times (-0.75)^2 \times 1.5 \times 2 \Big] \, \text{m/kN}$$

$$= 65.799 \times 10^{-5} \, \text{m/kN}$$

$$\Delta_{1P} = \sum \int \frac{\overline{M}_1 M_P}{EI} dx + \sum \frac{\overline{F}_{N1} F_{NP} l}{EA}$$

$$= \frac{1}{1.989 \times 10^4} \times \Big[-\frac{1}{2} \times 1.5 \times 2 \times \frac{2}{3} \times 100 \times 2 -$$

$$\frac{1}{2}(100 + 200) \times 2 \times 1.5 \times 2 \Big] \, \text{m}$$

$$= 5530.417 \times 10^{-5} \, \text{m}$$

（4）求多余未知力。将系数和自由项代入典型方程求解，得

$$X_1 = -\frac{\Delta_{1P}}{\delta_{11}} = 84.05 \, \text{kN}$$

（5）求各杆的最后内力。计算最后内力公式为

$$F_N = \overline{F}_{N1} X_1 + F_{NP}$$

$$M = \overline{M}_1 X_1 + M_P$$

计算结果如图 17-12e 所示。

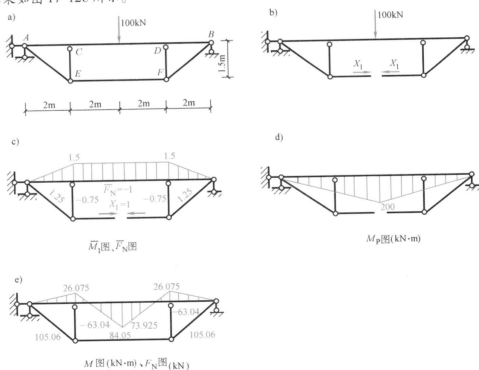

图　17-12

从例 17-4 中可以看到，梁式杆的轴力影响只占 δ_{11} 计算中的 $\dfrac{0.332}{65.799} = 0.5\%$，它对计算结果的影响很小，因此一般可以不考虑。

三、铰接排架

图 17-13a 所示为装配式单层厂房的横剖面结构示意图，它是由屋架（或屋面大梁）、柱和基础组成的。当计算柱的内力时，通常将屋架视为一根轴向刚度为无穷大的杆件，简称为横梁。阶梯形柱的上端与屋架铰接，下端与基础刚接，计算简图如图 17-13b 所示，称为铰接排架。

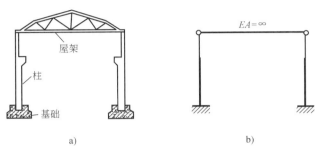

屋架

柱

基础

$EA=\infty$

a)   b)

图　17-13

用力法计算排架时，一般把横梁作为多余约束切断，代以相应多余未知力，利用切口处两侧截面的相对位移为零的条件，建立力法典型方程。

例 17-5　试计算图 17-14a 所示两跨不等高铰接排架的内力。

解　（1）选取基本体系。此排架为二次超静定结构。将两根横梁切断，代以多余未知力 X_1、X_2，其基本体系如图 17-14b 所示。

（2）建立力法典型方程。根据切口处两侧截面的相对位移为零的条件，可建立力法典型方程为

$$\delta_{11}X_1 + \delta_{12}X_2 + \Delta_{1P} = 0$$
$$\delta_{21}X_1 + \delta_{22}X_2 + \Delta_{2P} = 0$$

（3）求系数和自由项。绘出各单位弯矩 $\overline{M}_1$、$\overline{M}_2$ 图和荷载弯矩 M_P 图（图 17-14c、d、e）。利用图乘法计算求得各系数和自由项如下：

$$\delta_{11} = \sum \int \frac{\overline{M}_1^2}{EI} \mathrm{d}x = \frac{1}{EI_1}\left(\frac{1}{2} \times 6 \times 6 \times \frac{2}{3} \times 6\right) +$$

$$\frac{1}{EI_2}\left(\frac{1}{2} \times 6 \times 6 \times \frac{2}{3} \times 6\right) = \frac{504}{EI_2}$$

$$\delta_{22} = \sum \int \frac{\overline{M}_2^2}{EI} \mathrm{d}x = \frac{2}{EI_1}\left(\frac{1}{2} \times 3 \times 3 \times \frac{2}{3} \times 3\right) +$$

$$\frac{2}{EI_2}\left[\frac{1}{2} \times 6 \times 9 \times \left(\frac{2}{3} \times 9 + \frac{1}{3} \times 3\right) + \right.$$

$$\left. \frac{1}{2} \times 6 \times 3 \times \left(\frac{1}{3} \times 9 + \frac{2}{3} \times 3\right)\right] = \frac{576}{EI_2}$$

$$\delta_{12} = \delta_{21} = \sum \int \frac{\overline{M}_1 \, \overline{M}_2}{EI} \mathrm{d}x$$

$$= -\frac{1}{EI_2} \times \frac{1}{2} \times 6 \times 6 \times \left(\frac{2}{3} \times 9 + \frac{1}{3} \times 3\right) = -\frac{126}{EI_2}$$

$$\Delta_{1P} = \sum \int \frac{\overline{M}_1 M_P}{EI} dx = -\frac{1}{EI_2}\left(6 \times 60 \times \frac{1}{2} \times 6\right) = -\frac{1080}{EI_2}$$

$$\Delta_{2P} = \sum \int \frac{\overline{M}_2 M_P}{EI} dx$$

$$= \frac{1}{EI_2}\left[60 \times 6 \times \frac{1}{2} \times (9 + 3) + 20 \times 6 \times \frac{1}{2} \times (9 + 3)\right]$$

$$= \frac{2880}{EI_2}$$

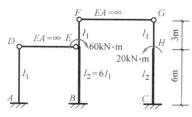

a)　　　　　　　　　　　　　　　　b)

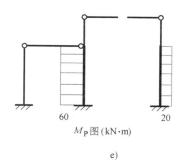

$\overline{M}_1$图

c)

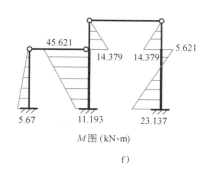

$\overline{M}_2$图

d)

图　17-14

（4）求多余未知力。将系数和自由项代入力法方程，并消去$\frac{18}{EI_2}$，得

$$28X_1 - 7X_2 - 60\text{kN} \cdot \text{m} = 0$$

$$-7X_1 + 32X_2 + 160\text{kN} \cdot \text{m} = 0$$

解联立方程，得

$$X_1 = 0.945\text{kN} \qquad X_2 = -4.793\text{kN}$$

（5）求各杆的最后内力。各柱的弯矩图可按悬臂梁直接作出，如图 17-14f 所示。

第六节 超静定结构的位移计算和最后内力图的校核

一、超静定结构的位移计算

第十六章介绍的应用单位荷载法计算结构的位移是一个普遍性的方法，它不仅适用于静定结构，也适用于超静定结构。

从力法的基本原理可知，基本结构在荷载和多余未知力共同作用下产生的内力和位移与原结构完全一致。当多余未知力被确定之后，或者说超静定结构被求解以后，基本体系就完全代表了原结构，不仅求结构的内力如此，求结构的位移也如此。也就是说，求原结构的位移问题可归结为求基本体系的位移问题。

下面以图 17-15a 所示超静定刚架为例，求结点 C 的转角 φ_C。

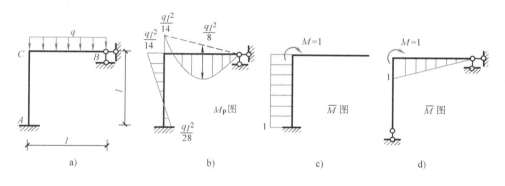

图 17-15

此刚架的最后弯矩图已在例 17-2 中用力法求出，如图 17-15b 所示，它即相当于第十六章计算位移时的实际弯矩 M_P 图。现欲求结点 C 的转角 φ_C，可在基本结构的 C 点加一单位力偶 $\overline{M} = 1$，作出单位弯矩 $\overline{M}$ 图（图 17-15c）。利用图乘法得

$$\varphi_C = \frac{1}{EI}\left(\frac{1}{2}l \times \frac{ql^2}{14} - \frac{1}{2}l \times \frac{ql^2}{28}\right) = \frac{ql^3}{56EI} \qquad (\curvearrowleft)$$

这就是利用基本体系求得的原结构中结点 C 的转角 φ_C。

注意：由于原结构的内力和位移并不因所取的基本结构不同而改变，因此，可把其最后内力看作是由任意一种基本结构求得的。这样，在计算超静定结构位移时，也就可以将所虚拟的单位力加于任一基本结构作为虚拟状态。如求结点 C 的转角 φ_C 时，可采用如图 17-15d 所示的基本结构，相应地作出单位弯矩 $\overline{M}$ 图，则

$$\varphi_C = \frac{1}{EI}\left(-\frac{1}{2}l \times \frac{ql^2}{14} \times \frac{2}{3} + \frac{2}{3}l \times \frac{ql^2}{8} \times \frac{1}{2}\right) = \frac{ql^3}{56EI} \qquad (\curvearrowleft)$$

二者计算结果完全相同。但选前者，计算较简便一些。

二、最后内力图的校核

最后内力图是结构设计的依据，因此，在求得最后内力图后应该进行校核，以保证它的正确性。正确的内力图必须同时满足平衡条件和位移条件。下面以图 17-16a 所示刚架为例，说明内力图的校核方法。

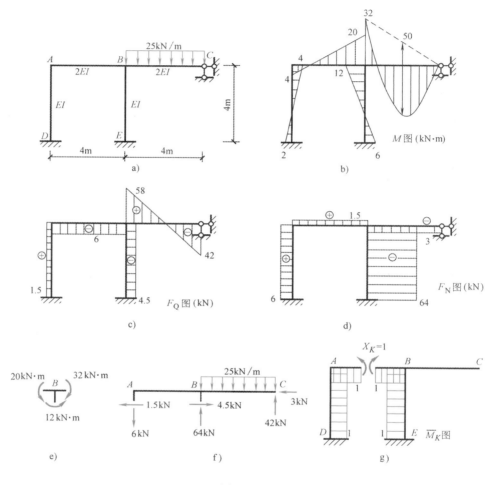

图　17-16

1. 平衡条件的校核

结构的内力应满足平衡条件，即从结构中截取的任何一部分都应满足平衡条件。一般的作法是截取结点或杆件，检查是否满足平衡条件。

如在图 17-16a 所示刚架中截取结点 B（图 17-16e），有

$$\sum M_B = (32 - 12 - 20)\ \text{kN} \cdot \text{m} = 0$$

满足平衡条件。再取杆件 ABC（图 17-16f），有

$$\sum F_x = (4.5 - 1.5 - 3)\ \text{kN} = 0$$

$$\sum F_y = (25 \times 4 + 6 - 64 - 42)\ \text{kN} = 0$$

也满足平衡条件。

2. 位移条件的校核

只有平衡条件的校核，还不能保证超静定结构的内力图一定正确，因为多余未知力是通过位移条件求得的，其计算是否有误，必须通过位移条件来校核。

位移条件校核的方法是：根据最后内力图验算沿任一多余未知力 X_i（$i=1$、2、$\cdots$、n）方向的位移，看是否与实际相符。对于在荷载作用下的刚架，只考虑弯矩的影响，可采用下式校核。

$$\Delta_i = \sum \int \frac{\overline{M}_i M}{EI} \mathrm{d}s = 0 \tag{17-3}$$

式中，$\overline{M}_i$ 为基本结构在单位力 $X_i = 1$ 作用下的弯矩，M 为最后的弯矩。

如为了校核图 17-16b 所示的弯矩图，可选图 17-16g 所示的单位弯矩 $\overline{M}_K$ 图，由于在单位力 $X_K = 1$ 作用下，只有封闭框格 $ABED$ 部分产生弯矩 $\overline{M}_K = 1$，因此，由式（17-3）得

$$\Delta_K = \sum \int \frac{\overline{M}_K M}{EI} \mathrm{d}s = \sum \int \frac{M}{EI} \mathrm{d}s = \sum \frac{\omega_M}{EI} = 0$$

上式说明：当结构只受荷载作用时，任何封闭框格的最后弯矩图的面积除以相应刚度后的代数和应等于零。

现在利用这个结论来检查图 17-16b 所示的弯矩图。假定在封闭框格外侧的弯矩取正，有

$$\sum \frac{\omega_M}{EI} = \frac{1}{EI}\left(\frac{1}{2} \times 2 \times 4 - \frac{1}{2} \times 4 \times 4\right) +$$

$$\frac{1}{2EI}\left(\frac{1}{2} \times 20 \times 4 - \frac{1}{2} \times 4 \times 4\right) +$$

$$\frac{1}{EI}\left(\frac{1}{2} \times 6 \times 4 - \frac{1}{2} \times 12 \times 4\right)$$

$$= -\frac{4}{EI} + \frac{16}{EI} - \frac{12}{EI} = 0$$

可见这个弯矩图满足位移条件。

第七节 对称性的利用

在工程中，很多结构是对称的。所谓对称结构就是指：①结构的几何形状和支承情况对某一轴线对称；②杆件的截面和材料性质也对此轴对称。如图 17-17 所示的结构都是对称结构。

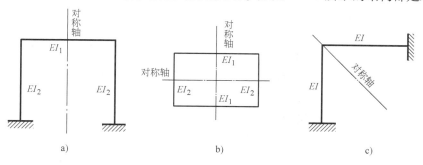

图 17-17

作用在对称结构上的任何荷载（图 17-18a）都可分解为两组：一组是正对称荷载（图 17-18b），另一组是反对称荷载（图 17-18c）。正对称荷载绕对称轴对折后，左右两部分的荷载彼此重合（作用点对应、数值相等、方向相同）；反对称荷载绕对称轴对折后，左右两部分的荷载正好相反（作用点对应、数值相等、方向相反）。

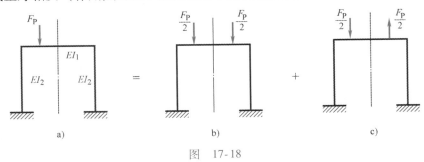

图 17-18

利用对称性，可使计算工作得到简化。

一、选取对称的基本结构

对图 17-19a 所示的对称刚架，若沿对称轴处切断横梁，便得到对称的基本结构，其基本体系如图 17-19a 所示。其中多余未知力 X_1、X_2 为正对称未知力，X_3 为反对称未知力。根据切口处两侧截面的相对位移为零的条件，可建立力法典型方程如下：

$$\delta_{11}X_1 + \delta_{12}X_2 + \delta_{13}X_3 + \Delta_{1P} = 0$$
$$\delta_{21}X_1 + \delta_{22}X_2 + \delta_{23}X_3 + \Delta_{2P} = 0$$
$$\delta_{31}X_1 + \delta_{32}X_2 + \delta_{33}X_3 + \Delta_{3P} = 0$$

图 17-19b、c、d 所示为各单位力作用于基本结构上时的弯矩图。显然，$\overline{M}_1$ 和 $\overline{M}_2$ 图是正对称的，$\overline{M}_3$ 图是反对称的，因此

$$\delta_{13} = \delta_{31} = 0 \qquad \delta_{23} = \delta_{32} = 0$$

这样，力法典型方程就简化为

$$\delta_{11}X_1 + \delta_{12}X_2 + \Delta_{1P} = 0$$
$$\delta_{21}X_1 + \delta_{22}X_2 + \Delta_{2P} = 0$$
$$\delta_{33}X_3 + \Delta_{3P} = 0$$

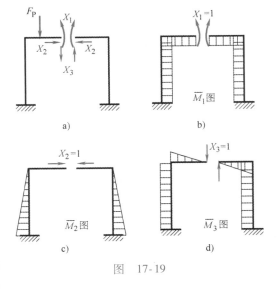

图 17-19

可见，方程已分为两组，一组只包含正对称未知力 X_1、X_2，另一组只包含反对称未知力 X_3。因此，解方程组的工作得到简化。

上述结果具有普遍性。即对于对称结构，如选取对称的基本结构，只要多余未知力都是正对称力或反对称力，则力法典型方程必然分解成独立的两组，一组只包含对称未知力，另一组只包含反对称未知力。

下面就正对称荷载、反对称荷载做进一步讨论。

（1）正对称荷载 以图 17-18b 所示正对称荷载为例，这时基本结构的荷载弯矩 M_P 图是正对称的（图 17-20）。由于 $\overline{M}_3$ 图是反对称的，因此，$\Delta_{3P} = 0$。代入力法典型方程的第三

式，得

$$X_3 = 0$$

由此得出结论：**对称结构在正对称荷载作用下，只有对称的多余未知力存在，而反对称的多余未知力必为零。**也就是说，基本体系上的荷载和多余未知力都是对称的，故原结构的受力和变形也必是对称的，没有反对称的内力和位移。

（2）反对称荷载 以图 17-18c 所示反对称荷载为例，这时基本结构的荷载弯矩 M_P 图是反对称的（图 17-21）。由于 $\overline{M}_1$、$\overline{M}_2$ 是对称的，因此，$\Delta_{1P} = 0$，$\Delta_{2P} = 0$。代入力法典型方程的前两式，得

$$X_1 = 0 \qquad X_2 = 0$$

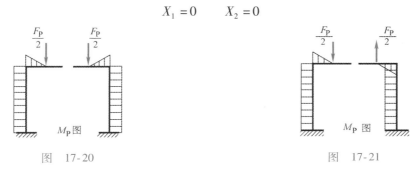

图 17-20   图 17-21

由此得出结论：**对称结构在反对称荷载作用下，只有反对称的多余未知力存在，而正对称的多余未知力必为零。**也就是说，基本体系上的荷载和多余未知力都是反对称的，故原结构的受力和变形也必是反对称的，没有对称的内力和位移。

二、半结构

利用上述结论，可截取对称结构的一半来进行计算。下面就图 17-22a、c 及图 17-23a、c 所示奇数跨和偶数跨两种对称结构为例说明半结构的取法。

1. 奇数跨对称结构

（1）正对称荷载作用 图 17-22a 所示的单跨刚架，在正对称荷载作用下，由于变形和内力对称，位于对称轴上的截面 C 不会产生转角和水平线位移，但可以发生竖向线位移；同时，在该截面上将有弯矩和轴力，没有剪力，因此，在截取其一半计算时，在该截面处可用定向支座代替原有的约束，而得到如图 17-22b 所示半结构。

（2）反对称荷载作用 图 17-22c 所示的单跨刚架，在反对称荷载作用下，由于变形和内力反对称，对称轴上的截面 C 不可能产生竖向线位移，只可能产生转角和水平线位移；同时，在该截面上只有剪力，没有弯矩和轴力，因此，在截取其一半计算时，在该处可用竖向链杆支座代替原有的约束而得到如图 17-22d 所示半结构。

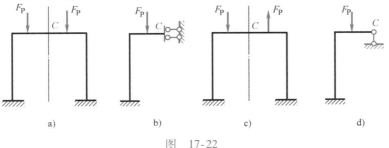

a)   b)   c)   d)

图 17-22

2. 偶数跨对称结构

（1）正对称荷载作用　图 17-23a 所示两跨刚架，在正对称荷载作用下，截面 C 没有转角和水平线位移，若不考虑中间竖柱的轴向变形，C 处也没有竖向线位移。因此，可将该处用固定支座代替，而得到如图 17-23b 所示的半结构。

（2）反对称荷载作用　图 17-23c 所示两跨刚架，在反对称荷载作用下，可设想将中间柱分成两根分柱，分柱的抗弯刚度为原柱的一半，这相当于在两根分柱之间增加了一跨，但其跨度为零，如图 17-23e 所示。取半结构如图 17-23f 所示。因为忽略轴向变形的影响，半结构也可按图 17-23d 选取。中间柱 CD 的内力为两根分柱内力之和。由于分柱的弯矩和剪力相同，轴力绝对值相同而正负号相反，故中间柱的弯矩和剪力为分柱的弯矩和剪力的两倍，轴力为零。

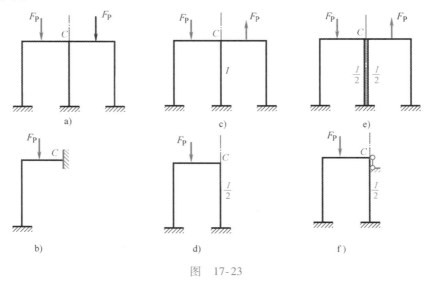

图　17-23

当按上述方法取出半结构后，即可按解超静定结构的分析方法绘出其内力图，然后再根据对称关系绘出另外半边结构的内力图。

例 17-6　利用对称性，计算图 17-24 所示刚架内力，并绘最后弯矩图。

解　此刚架为三次超静定结构，且为双轴对称结构，荷载也具有双轴对称性，可取如图 17-24b 所示四分之一结构计算。

（1）选取基本体系　图 17-24b 所示结构为一次超静定结构，选取图 17-24c 所示的基本体系。

（2）建立力法典型方程。

$$\delta_{11}X_1 + \Delta_{1P} = 0$$

（3）求系数和自由项。绘出单位弯矩 $\overline{M}_1$ 图和荷载弯矩 M_P 图（图 17-24d、e）。利用图乘法计算各系数和自由项如下：

$$\delta_{11} = \frac{1}{EI}\left(\frac{l}{2} \times 1 \times 1\right) \times 2 = \frac{l}{EI}$$

$$\Delta_{1P} = -\frac{1}{EI}\left(\frac{ql^2}{8} \times \frac{l}{2} \times 1\right) - \frac{1}{EI}\left(\frac{1}{3} \times \frac{ql^2}{8} \times \frac{l}{2} \times 1\right) = -\frac{ql^3}{12EI}$$

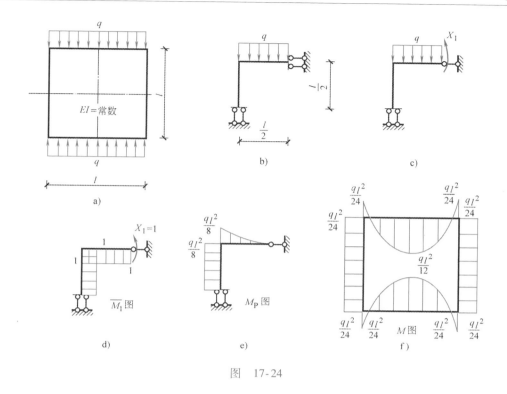

图 17-24

（4）求多余未知力。
$$X_1 = -\frac{\Delta_{1P}}{\delta_{11}} = \frac{ql^2}{12}$$

（5）绘制最后弯矩图。四分之一结构中各杆杆端弯矩可按 $M = \overline{M}_1 X_1 + M_P$ 计算，根据对称性，绘出最后弯矩图如图 17-24f 所示。

例 17-7 利用对称性，计算图 17-25a 所示刚架内力，并绘出最后弯矩图。各杆的 EI 均为常数。

解 此刚架为对称的四次超静定结构，且荷载均为反对称，取半结构如图 17-25b 所示。

（1）选取基本体系。半结构为一次超静定结构，取图 17-25c 所示的基本体系。

（2）建立力法典型方程。
$$\delta_{11} X_1 + \Delta_{1P} = 0$$

（3）求系数和自由项。绘出单位弯矩 $\overline{M}_1$ 图和荷载弯矩 M_P 图，如图 17-25d、e 所示，计算系数和自由项如下：

$$\delta_{11} = \frac{1}{EI}\left(\frac{1}{2} \times 4 \times 4 \times \frac{2}{3} \times 4 \times 2 + 4 \times 4 \times 4\right) = \frac{320}{3EI}$$

$$\Delta_{1P} = \frac{1}{EI}\left(\frac{1}{2} \times 20 \times 4 \times 4 + \frac{1}{2} \times 40 \times 4 \times \frac{2}{3} \times 4\right) = \frac{1120}{3EI}$$

（4）求多余未知力。

$$X_1 = -\frac{\Delta_{1P}}{\delta_{11}} = -3.5\text{kN}$$

（5）绘制最后弯矩图。半结构中各杆杆端弯矩可按 $M = \overline{M}_1 X_1 + M_P$ 计算，最后弯矩图如图 17-25f 所示。

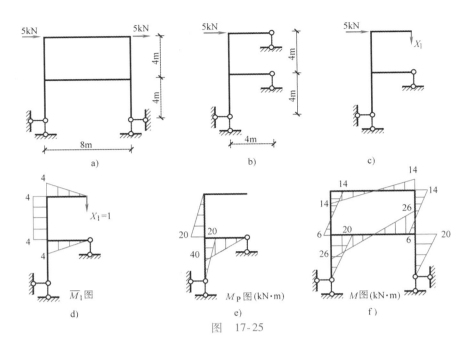

图 17-25

第八节 支座移动时超静定结构计算

由于超静定结构具有多余约束，因此，凡能使结构产生变形的因素都将导致结构产生内力。这些因素除荷载外，还有支座移动、温度改变、材料收缩、制造误差等。这是超静定结构的重要特性之一，是静定结构所没有的。

用力法计算超静定结构在支座移动作用下的内力时，力法的基本原理和步骤并没有改变，所不同的是力法典型方程中自由项的计算，下面通过例题来说明。

例 17-8   图 17-26a 所示为一等截面梁，已知支座 A 转动角度为 φ，支座 B 下沉位移为 a，试作该梁的弯矩图。

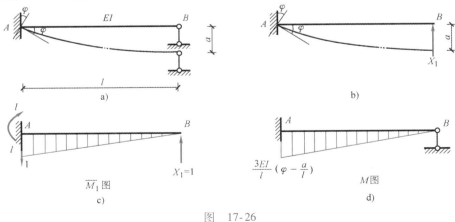

图 17-26

解 （1）此梁为一次超静定结构，取基本结构为悬臂梁，基本体系如图 17-26b 所示。

（2）建立力法典型方程。按照基本体系在去掉多余约束处的位移与原结构相同的条件，即 $\Delta_1 = -a$，建立力法典型方程如下：

$$\delta_{11}X_1 + \Delta_{1c} = -a$$

式中自由项 Δ_{1c} 是基本结构由于支座移动而引起的沿 X_1 方向的位移。

（3）计算系数和自由项。系数 δ_{11} 与外因无关，其计算同前，自由项 Δ_{1c} 计算公式为

$$\Delta_{ic} = -\sum \overline{F}_R c$$

绘出基本结构在 $X_1 = 1$ 作用下的弯矩图 $\overline{M}_1$ 并求出相应的支座反力（图 17-26c），利用位移公式求得

$$\delta_{11} = \frac{l^3}{3EI} \qquad \Delta_{1c} = -\varphi l$$

（4）求多余未知力。将系数和自由项代入力法典型方程，得

$$\frac{l^3}{3EI}X_1 - \varphi l = -a$$

解方程得

$$X_1 = \frac{3EI}{l^2}\left(\varphi - \frac{a}{l}\right)$$

因为基本结构是静定结构，支座移动并不产生内力，故最后内力是由多余未知力引起的。因此，最后弯矩按 $M = \overline{M}_1 X_1$ 计算，弯矩图如图 17-26d 所示。

此题也可以选择不同的基本结构计算。如选简支梁为基本结构，其基本体系如图 17-27a 所示。根据简支梁在 A 处的转角应等于给定值 φ 的位移条件，建立力法典型方程如下：

$$\delta_{11}X_1 + \Delta_{1c} = \varphi$$

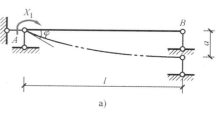

绘出基本结构在 $X_1 = 1$ 作用下的弯矩图 $\overline{M}_1$ 并求出相应的支座反力（图 17-27b），利用位移公式求得

$$\delta_{11} = \frac{l}{3EI} \qquad \Delta_{1c} = -\left(-\frac{1}{l} \times a\right) = \frac{a}{l}$$

因此力法典型方程为

$$\frac{l}{3EI}X_1 + \frac{a}{l} = \varphi$$

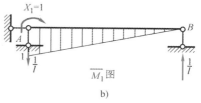

解方程得

$$X_1 = \frac{3EI}{l}\left(\varphi - \frac{a}{l}\right)$$

图 17-27

据此作出的弯矩图仍为图 17-26d 所示。

综上所述可知：用力法计算支座位移影响下的超静定结构时，其力法典型方程右边项可能不为零，且随基本结构的选择不同而异，力法典型方程的自由项是基本结构由支座移动产生的，最后内力全部是由多余未知力引起的，且其内力与各杆抗弯刚度 EI 的绝对值有关。这些都与荷载作用下的内力计算不同。

第九节   超静定结构的特性

与静定结构相比，超静定结构具有以下重要特性：

1）在静定结构中，除了荷载以外，其他任何因素，如温度改变、支座移动、制造误差、材料收缩等，都不会引起内力。但是在超静定结构中，任何因素都可能引起内力。这是因为任何因素引起的超静定结构的变形，在其发生过程中，都会受到多余约束的作用，因而相应地产生内力。

2）静定结构的内力只要利用静力平衡条件就可以确定，其值与结构的材料性质和截面尺寸无关；而超静定结构内力只由静力平衡条件无法完全确定，还必须考虑位移条件才能得出解答，故与结构的材料性质和截面尺寸有关。

3）超静定结构由于具有多余约束，一般地说，其内力分布比较均匀，变形较小，刚度比相应的静定结构要大些。如图17-28a所示的两跨连续梁，图17-28b为相应的两跨静定梁，在相同荷载作用下，前者的最大挠度及弯矩峰值都较后者小。

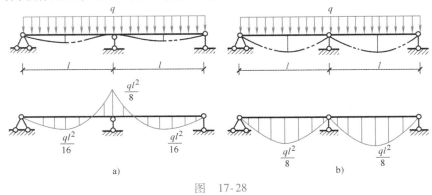

图   17-28

4）从军事及抗震方面来看，超静定结构具有较好的抵抗破坏的能力。因为超静定结构在多余约束被破坏后，仍能维持几何不变性，但静定结构在任一约束被破坏后，即变成可变体系而失去承载能力。

 小   结

一、力法的基本原理

掌握力法的基本原理，主要是了解力法的基本未知量、力法的基本结构和力法典型方程这三个环节。

用力法计算时首先是去掉多余约束，以多余未知力来代替，暴露出来的多余未知力就是力法的基本未知量，得到的静定结构便是力法的基本结构。这样，就把超静定问题变成了静定问题。同一超静定结构可以有多种基本结构，力求选择计算简单的基本结构。

力法典型方程是根据原结构的位移条件来建立的。方程的左边项是基本结构在各种因素作用下沿某一多余未知力方向产生位移的总和；右边项是原结构在相同方向的位移，它存在两种可能：一种是无位移的（方程右边项等于零），另一种是有位移的（方程右边项等于给定的已知位移）。要注意在荷载、支座位移等不同因素影响下力法典型方程的异同。

力法典型方程的个数等于结构的超静定次数。

力法典型方程中全部系数和自由项都是基本结构的位移，所以，求系数和自由项的实质就是求静定结构的位移。

二、利用对称性简化力法计算

对称结构在正对称荷载作用下，反对称力等于零，只有正对称力，结构的内力和变形也是正对称的；对称结构在反对称荷载作用下，正对称力等于零，只有反对称力，结构的内力和变形也是反对称的。

利用这个特点计算对称结构时，只需取半边结构即可。

三、超静定结构的位移计算

求超静定结构的位移问题可归结为求基本体系的位移问题。计算超静定结构的位移时，虚设的单位荷载可加在任意基本结构上。

思 考 题

17-1 用力法解超静定结构的思路是什么？什么是力法的基本体系、基本结构和基本未知量？为什么首先要计算基本未知量？基本体系与原结构有何异同？基本体系与基本结构有何不同？

17-2 在力法中，能否采用超静定结构作为基本结构？

17-3 力法典型方程的物理意义是什么？

17-4 为什么在力法典型方程中主系数恒大于零，而副系数则可能为正值、负值或为零？

17-5 试比较在荷载作用下用力法计算超静定刚架、桁架、组合结构和排架的异同。

17-6 为什么说在荷载作用下超静定结构的内力大小只与各杆 EI（或 EA）的相对值有关，而与其绝对值无关？

17-7 计算超静定结构的位移和计算静定结构的位移，两者有何异同？

17-8 为什么计算超静定结构的位移时，单位荷载可以加在任一基本结构上？

17-9 为什么用力法计算出的超静定结构的结果必须进行位移条件的校核？

17-10 为什么对称结构在对称和反对称荷载作用时可以取半结构计算？荷载不对称时还能不能取半结构计算？

17-11 用力法计算超静定结构时，考虑支座移动的影响与考虑荷载作用的影响有何异同？

17-12 结构上没有荷载就没有内力，这个结论在什么情况下适用？在什么情况下不适用？

17-13 图 17-29 所示各弯矩图哪些是错误的？为什么？

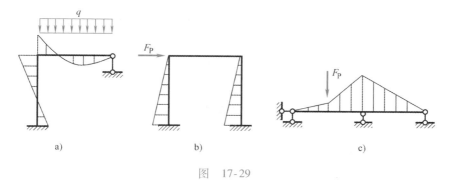

图 17-29

17-1　试确定图 17-30 所示各结构的超静定次数。

17-2　试用力法计算图 17-31 所示各超静定梁的内力。

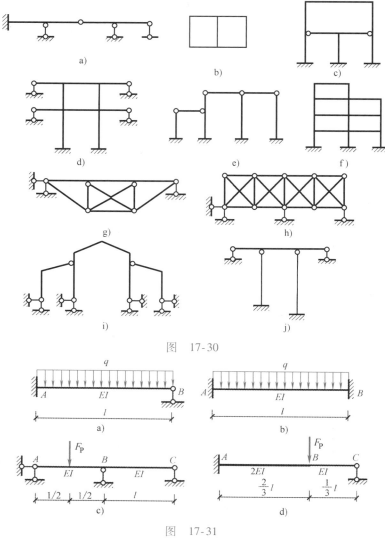

图　17-30

图　17-31

17-3　试用力法计算图 17-32 所示刚架的内力，并绘出内力图。

17-4　试用力法计算图 17-33 所示桁架的轴力。设各杆 EA 相同。

17-5　试计算图 17-34 所示组合结构的内力，绘出横梁的弯矩图，并求出链杆的轴力。已知：横梁的 $EI = 10^4 \mathrm{kN} \cdot \mathrm{m}^2$，链杆的 $EA = 15 \times 10^4 \mathrm{kN}$。

17-6　试用力法计算图 17-35 所示各排架的内力，并绘出弯矩图。

17-7　试求图 17-32a 中 D 点的水平位移 Δ_{DH}；图 17-32b 中点 C 的角位移 φ_C；图 17-32c 中铰 C 两侧截面的相对角位移 φ_{C-C}。

17-8　试对习题 17-3 计算结果中的 M 图进行校核。

17-9　试绘出图 17-36 所示各对称结构的半结构（$EI =$ 常数）。

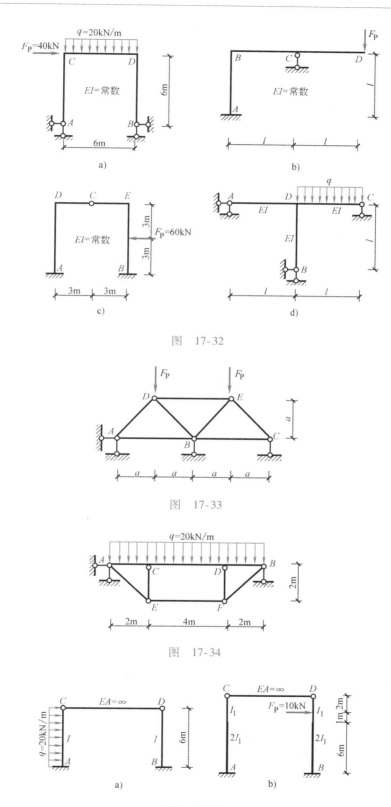

图 17-32

图 17-33

图 17-34

图 17-35

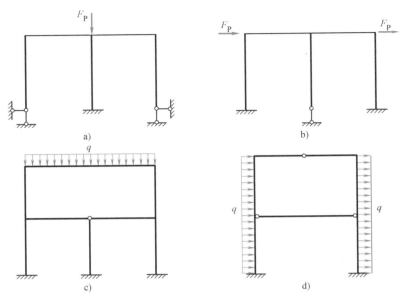

图　17-36

17-10　试利用对称性，计算图 17-37 所示各刚架的内力，并绘出弯矩图。

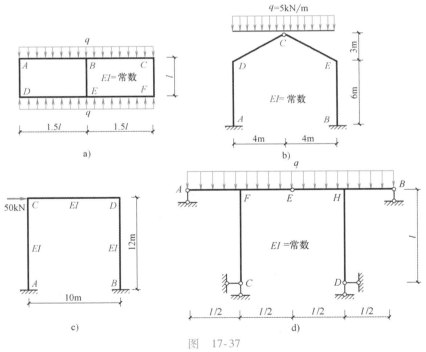

图　17-37

17-11　设图 17-38 所示梁 B 端下沉 a，试绘出梁的弯矩图和剪力图。

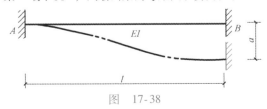

图　17-38

第十八章 位 移 法

学习目标

1. 掌握位移法基本未知量的确定方法；掌握位移法基本结构的形成以及基本结构与原结构的区别。

2. 熟悉杆端力和杆端位移的正负号规定；熟练掌握等截面单跨超静定梁的形常数和载常数的计算。

3. 理解位移法方程的建立及位移法典型方程中系数和自由项的物理意义。

4. 熟练掌握用位移法计算荷载作用下超静定梁和刚架的内力，并绘制内力图。

第一节 位移法的基本概念

前面介绍的力法是以多余未知力作为基本未知量，按照位移条件建立力法方程，将这些未知量求出，然后通过平衡条件计算结构的其他约束力、内力和位移。对于线弹性结构，由于在一定外界因素作用下内力与位移存在一一对应关系。因此，也可把结构的某点位移作为基本未知量，首先求出它们，然后再通过位移和内力之间确定的对应关系，确定结构的内力。这样的方法称为位移法。

为了说明位移法的基本概念，现在来研究图 18-1a 所示刚架。这个刚架在荷载 F_p 作用下，将发生如图中双点画线所示的变形。在忽略杆轴向变形和剪切变形的条件下，结点 B 只发生角位移 φ_B。由于结点 B 是一刚结点，故汇交于结点 B 的两杆的杆端在变形后将发生与结点相同的角位移，位移法计算时就是以这样的结点角位移作为基本未知量的。下面讨论如何求基本未知量 φ_B。

首先，附加一个约束使结点 B 不能转动（图 18-1b），此时结构变为两个单跨超静定梁。在荷载作用下，可用力法求得两个超静定梁的弯矩图。由于附加约束阻止结点 B 的转动，故在附加约束上会产生一个约束力矩 $F_{1P} = -\dfrac{3F_p l}{16}$。

然后，为了使变形符合原来的实际情况，必须转动附加约束以恢复 φ_B。两个单跨超静定梁在 B 端有角位移 φ_B 时的弯矩图同样可由力法求得，如图 18-1c 所示。此时在附加约束上产生约束力矩 $F_{11} = \left(\dfrac{3EI_1}{l} + \dfrac{4EI_2}{h}\right)\varphi_B$。

经过上述两个步骤，附加约束上产生的约束力矩应为 F_{11} 和 F_{1P} 之和。由于结构无论是变形还是受力都应与原结构保持一致，而原结构在 B 处无附加约束，亦无约束力矩，故有

$$F_{11} + F_{1P} = 0$$

即

$$\left(\frac{3EI_1}{l} + \frac{4EI_2}{h}\right)\varphi_B - \frac{3F_p l}{16} = 0 \qquad (a)$$

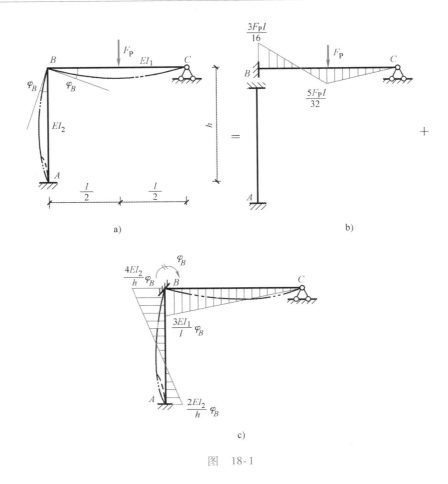

图 18-1

解方程可得出 φ_B。将 φ_B 求出后，代回图 18-1c，将所得的结果再与图 18-1b 叠加，即得原结构的最后弯矩图。

由这个简单的例子可知，位移法是以结点位移作为基本未知量，通过增加约束的方法，将原结构拆成若干个单跨超静定梁来逐个分析，再组合成整体，利用力和力矩的平衡方程求解未知量的。

第二节 位移法基本未知量和基本结构

用位移法计算结构时，首先应确定基本未知量和基本结构。

一、位移法的基本未知量

位移法的基本未知量为结点角位移和独立结点线位移。

1. 结点角位移

在结构中，相交于同一刚结点处各杆端的角位移是相等的，所以每一个刚结点处只有一个独立的角位移。如图 18-2 所示连续梁，结点 B、C 为刚结点，所以结点 B、C 的角位移应为基本未知量，至于固定端 A 处，根据约束的特点，其角位移为零，是一个已知量，而铰支座 D 不约束转动，其角位移是不独立的，不能作为基本未知量。这样，刚结点的数目即为结点角位移的数目。

图　18-2

图 18-3 所示刚架，有 D、F 两个刚结点，所以该刚架有两个结点角位移。

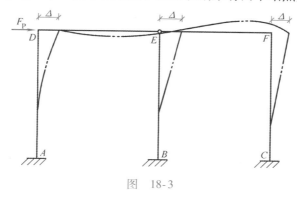

图　18-3

2. 结点线位移

为了使计算得到简化，作如下假设：

1）忽略各杆轴向变形。

2）弯曲变形后的曲线长度与弦线长度相等。

由上述假设可知，尽管杆件发生变形，但变形后杆件两端之间的距离仍保持不变，即杆长保持不变。图 18-3 所示刚架，由于假设 AD、BE 和 CF 两端距离不变，因此，在微小位移的情况下，结点 D、E 和 F 都没有竖向线位移；结点 D、E 和 F 虽然有水平线位移，但由于杆 DE 和 EF 长度不变，因此结点 D、E 和 F 的水平线位移均相等，可用符号 Δ 表示。因此，原有的三个结点线位移归结为一个独立的结点线位移。则该刚架的全部基本未知量有三个，其中两个为结点角位移，一个为结点线位移。

当独立的结点线位移的数目由直观的方法难以判定时，可以用几何组成分析的方法来判定。将所有刚结点（包括固定支座）都改为铰结点，得到一个铰接体系，若此铰接体系为几何不变体系，则原结构无结点线位移，若需添加链杆才能使该铰接体系成为几何不变体系，则所需添加的链杆数就等于原结构的独立结点线位移的数目。

如图 18-4a 所示刚架，为了确定独立的结点线位移数目，将所有刚结点都改为铰结点，得一几何可变的铰接体系，此体系需添加两个链杆后，才由几何可变体系转化为几何不变体系（图 18-4b），因此，原结构有两个独立结点线位移。

二、位移法的基本结构

位移法的基本结构是通过增加约束使原结构成为若干个单跨超静定梁而得到的。如图 18-5a 所示的刚架，在刚结点 C 上加一个限制该结点的转动但不能限制其移动的约束，用符号""表示，这种约束称为附加刚臂，它的作用是使结点 C 不能转动；又在结点 D 上加一个限制该结点沿水平方向移动但不能限制转动的附加链杆，用符号""表示，使结点 D 不能产生水平线位移。这样一来，就得到了图 18-5b 所示的基本结构，这个基本结构是由 3 根单跨超静定梁组成的。

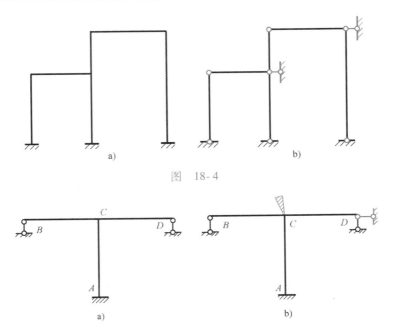

图　18-4

图　18-5

再如图 18-6a 所示结构，其基本结构也是由 3 根单跨超静定梁组成的，如图 18-6b 所示。

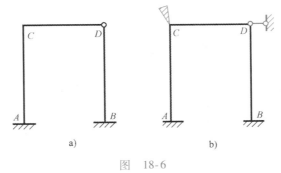

图　18-6

通过上述分析可知，位移法的基本结构是通过附加刚臂和附加链杆得到的，其中附加刚臂的数目等于原结构中结点角位移的数目，附加链杆的数目则等于原结构独立结点线位移的数目。这样在确定结构的基本未知量的同时，也就确定了原结构的基本结构。

第三节　单跨超静定梁的杆端力

由上节可知，位移法的基础是单跨超静定梁的分析。为此先研究单跨超静定梁在荷载作用下以及杆端产生位移时的杆端内力，这些内力简称为杆端力。

一、杆端位移和杆端力的正负号规定

图 18-7 所示为一等截面直杆 AB 的隔离体，直杆的 EI 为常数，杆端 A 和 B 的角位移分别为 φ_A 和 φ_B，杆端 A 和 B 在垂直于杆轴 AB 方向的相对线位移为 Δ。杆端 A 和 B 的弯矩及剪力分别为 M_{AB}、M_{BA}、F_{QAB} 和 F_{QBA}。在位移法中，正负号规定如下：

（1）**杆端位移**　杆端角位移 φ_A、φ_B 以顺时针方向为正；杆两端相对线位移 Δ（或转角 $\beta = \Delta/l$）以使杆产生顺时针方向转动为正，相反为负。

（2）**杆端力**　杆端弯矩 M_{AB}、M_{BA} 对杆端以顺时针方向为正；杆端剪力 F_{QAB}、F_{QBA} 的正负同前。

在图18-7中，杆端位移和杆端力均以正向标出。

二、荷载引起的杆端力

对于单跨超静定梁仅因荷载作用而产生的杆端力，称为固端力。M^F 表示固端弯矩，F_Q^F 表示固端剪力。

图18-8所示等截面两端固定梁，承受均布荷载 q 作用。用力法求解其固端力为

$$M_{AB}^F = -\frac{ql^2}{12} \qquad F_{QAB}^F = \frac{ql}{2}$$

$$M_{BA}^F = \frac{ql^2}{12} \qquad F_{QBA}^F = -\frac{ql}{2}$$

对于其他超静定梁，当其上作用某种形式的荷载时，同样都可用力法计算出固端力。由于固端力是只与荷载形式有关的常数，所以称为载常数。表18-1列出了常见超静定梁的载常数，位移法计算时可直接查用。

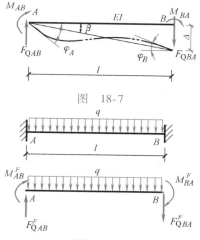

图　18-7

图　18-8

表 18-1　等截面单跨超静定梁的载常数

编号	简图及弯矩图	杆端弯矩		杆端剪力	
		M_{AB}	M_{BA}	F_{QAB}	F_{QBA}
1	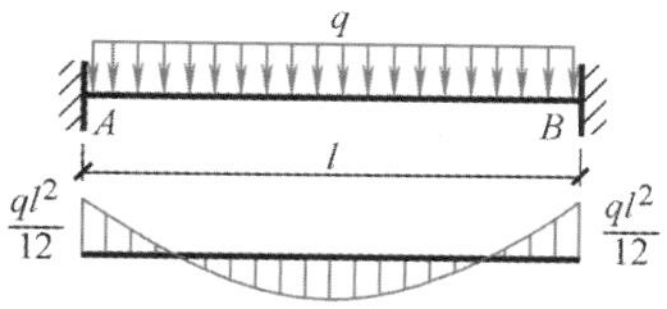	$-\dfrac{1}{12}ql^2$	$\dfrac{1}{12}ql^2$	$\dfrac{1}{2}ql$	$-\dfrac{1}{2}ql$
2	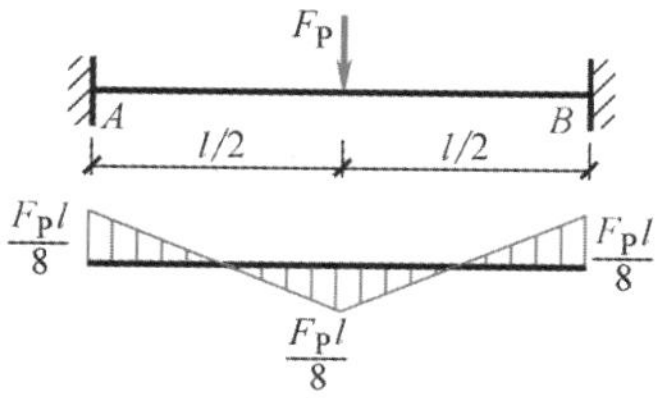	$-\dfrac{1}{8}F_P l$	$\dfrac{1}{8}F_P l$	$\dfrac{1}{2}F_P$	$-\dfrac{1}{2}F_P$
3	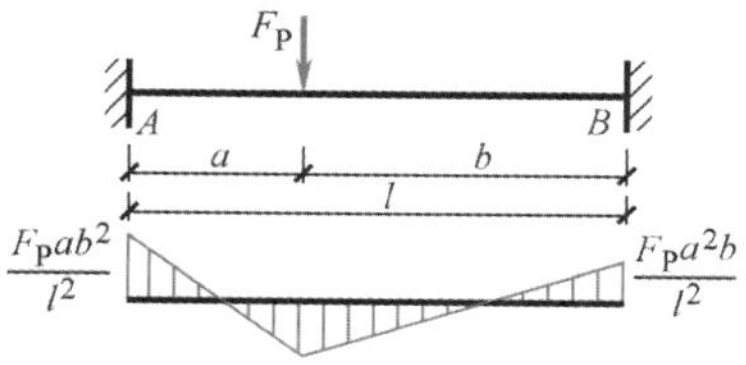	$-\dfrac{F_P ab^2}{l^2}$	$\dfrac{F_P a^2 b}{l^2}$	$\dfrac{F_P b^2}{l^2}\left(1+\dfrac{2a}{l}\right)$	$-\dfrac{F_P a^2}{l^2}\left(1+\dfrac{2b}{l}\right)$

（续）

编号	简图及弯矩图	杆端弯矩		杆端剪力	
		M_{AB}	M_{BA}	F_{QAB}	F_{QBA}
4	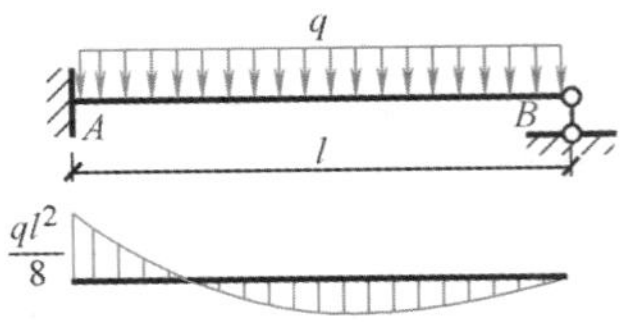	$-\dfrac{1}{8}ql^2$	0	$\dfrac{5}{8}ql$	$-\dfrac{3}{8}ql$
5	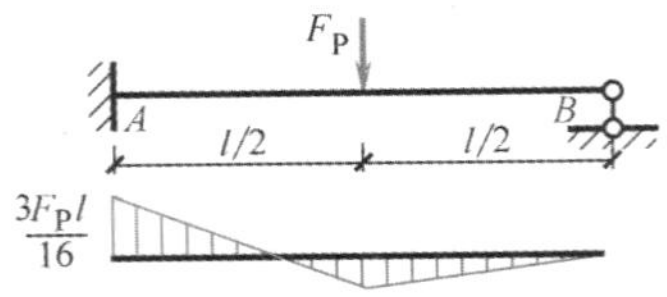	$-\dfrac{3}{16}F_{P}l$	0	$\dfrac{11}{16}F_{P}$	$-\dfrac{5}{16}F_{P}$
6	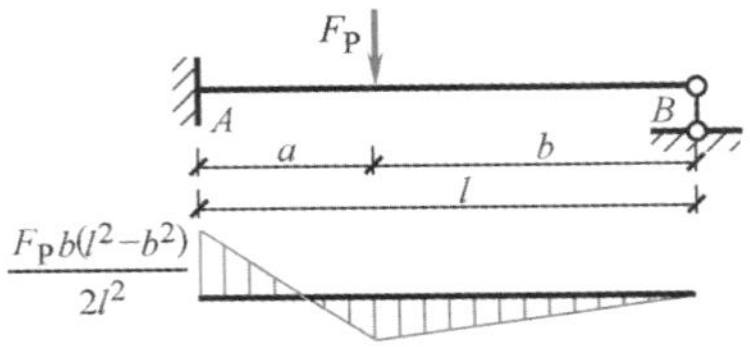	$-\dfrac{F_{P}b\ (l^2-b^2)}{2l^2}$	0	$\dfrac{F_{P}b\ (3l^2-b^2)}{2l^3}$	$-\dfrac{F_{P}a^2\ (2l+b)}{2l^3}$
7	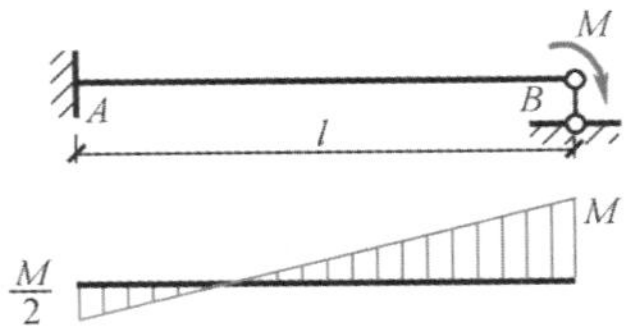	$\dfrac{1}{2}M$	M	$-\dfrac{3M}{2l}$	$-\dfrac{3M}{2l}$
8	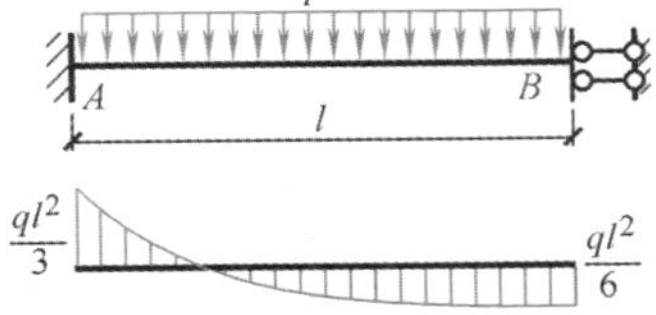	$-\dfrac{1}{3}ql^2$	$-\dfrac{1}{6}ql^2$	ql	0
9	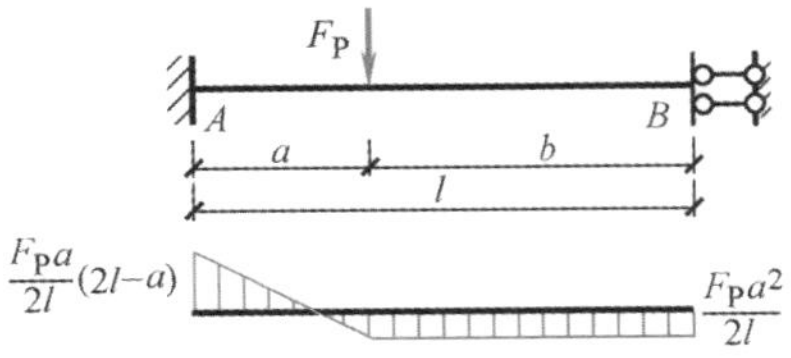	$-\dfrac{F_{P}a}{2l}\ (2l-a)$	$-\dfrac{F_{P}a^2}{2l}$	F_{P}	0

三、杆端位移引起的杆端力

图 18-9 所示为等截面两端固定梁，固定端 A 发生单位角位移，抗弯刚度为 EI，用力法

求其杆端力为

$$M_{AB} = 4i \qquad F_{QAB} = -\frac{6i}{l}$$

$$M_{BA} = 2i \qquad F_{QBA} = -\frac{6i}{l}$$

式中，$i = EI/l$，称为线刚度。

由单位位移引起的杆端力是只与梁的支承情况、几何尺寸和材料性质有关的常数，所以称为形常数。表18-2 列出了常见超静定梁的形常数，位移法计算时也可直接查用。

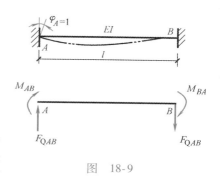

图 18-9

表 18-2 等截面单跨超静定梁的形常数

编号	简图及弯矩图	杆端弯矩		杆端剪力	
		M_{AB}	M_{BA}	F_{QAB}	F_{QBA}
1		$4i$	$2i$	$-\dfrac{6i}{l}$	$-\dfrac{6i}{l}$
2		$-\dfrac{6i}{l}$	$-\dfrac{6i}{l}$	$\dfrac{12i}{l^2}$	$\dfrac{12i}{l^2}$
3		$3i$	0	$-\dfrac{3i}{l}$	$-\dfrac{3i}{l}$
4		$-\dfrac{3i}{l}$	0	$\dfrac{3i}{l^2}$	$\dfrac{3i}{l^2}$
5		i	$-i$	0	0

当单跨超静定梁受到各种荷载以及支座位移的共同作用时，可依表 18-1、表 18-2 中结果，叠加各对应项杆端力即可（代数和）。

如图 18-10 所示为两端固定梁，其上作用有均布荷载 q，梁两端的角位移分别为 φ_A、φ_B，相对线位移为 Δ，它们都是顺时针方向，其杆端弯矩为

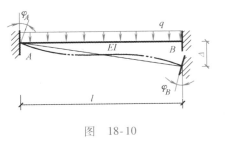

$$M_{AB} = 4i\varphi_A + 2i\varphi_B - 6i\frac{\Delta}{l} - \frac{ql^2}{12}$$

$$M_{BA} = 2i\varphi_A + 4i\varphi_B - 6i\frac{\Delta}{l} + \frac{ql^2}{12}$$

图 18-10

第四节 位移法的典型方程和计算实例

一、位移法的典型方程

下面以图 18-11a 所示刚架为例说明在一般情况下如何建立位移法的方程。

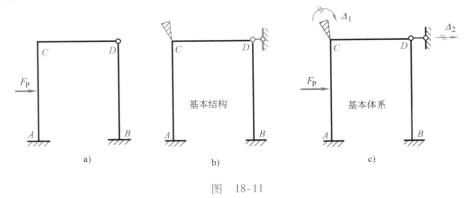

图 18-11

此刚架有两个基本未知量，即结点 C 的角位移 Δ_1 和结点 C、D 的水平线位移 Δ_2。在结点 C 处加附加刚臂，在结点 D 处加一水平附加链杆就得到图 18-11b 所示的基本结构。

使基本结构承受与原结构相同的荷载，并使结点 C 处的附加刚臂转动 Δ_1，而结点 D 处附加链杆发生水平线位移 Δ_2，得到如图 18-11c 所示的基本体系。这样，基本体系中各杆的受力和变形情况与原结构中对应杆件的受力和变形情况完全相同，因此对原结构的计算就可转化为对基本体系的计算。

由于原结构在结点 C、D 处无附加约束，亦无约束力。为了保证基本体系的受力和变形情况与原结构完全相同，基本体系上附加约束的约束力 F_1 和 F_2 应为零。即

$$\left.\begin{array}{l} F_1 = 0 \\ F_2 = 0 \end{array}\right\} \tag{b}$$

根据叠加原理，把基本体系中的总约束力 F_1 和 F_2 分解成几种情况分别计算：

（1）单位位移 $\Delta_1 = 1$ 单独作用   相应的约束力为 k_{11} 和 k_{21}（图 18-12a）。

（2）单位位移 $\Delta_2 = 1$ 单独作用   相应的约束力为 k_{12} 和 k_{22}（图 18-12b）。

（3）荷载单独作用   相应的约束力为 F_{1P} 和 F_{2P}（图 18-12c）。

叠加以上结果，得

$$\left.\begin{array}{l} F_1 = k_{11}\Delta_1 + k_{12}\Delta_2 + F_{1P} \\ F_2 = k_{21}\Delta_1 + k_{22}\Delta_2 + F_{2P} \end{array}\right\} \tag{c}$$

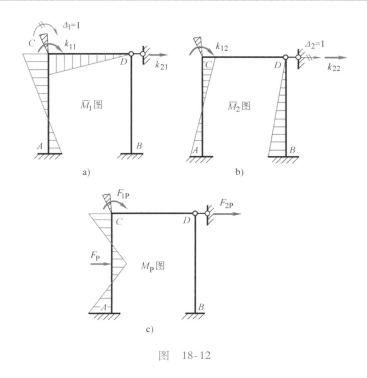

图 18-12

将式（c）代入式（b），即得位移法基本方程

$$k_{11}\Delta_1 + k_{12}\Delta_2 + F_{1P} = 0 \atop k_{21}\Delta_1 + k_{22}\Delta_2 + F_{2P} = 0 \}$$

从方程中即可求出基本未知量 Δ_1 和 Δ_2。

对于具有 n 个基本未知量的结构做同样的分析，可得位移法基本方程如下：

$$\left. \begin{array}{l} k_{11}\Delta_1 + k_{12}\Delta_2 + \cdots + k_{1n}\Delta_n + F_{1P} = 0 \\ k_{21}\Delta_1 + k_{22}\Delta_2 + \cdots + k_{2n}\Delta_n + F_{2P} = 0 \\ \qquad\qquad\qquad \vdots \\ k_{n1}\Delta_1 + k_{n2}\Delta_2 + \cdots + k_{nn}\Delta_n + F_{nP} = 0 \end{array} \right\} \qquad (18\text{-}1)$$

式中，k_{ii} 为基本结构上由于单位结点位移 $\Delta_i = 1$ 的作用，引起第 i 个附加约束上的约束力，称为**主系数**，主系数恒为正；k_{ij} 为基本结构上由于单位结点位移 $\Delta_j = 1$ 的作用，引起第 i 个附加约束上的约束力，称为**副系数**，副系数可为正，为负或为零。根据反力互等定理，有 $k_{ij} = k_{ji}$；F_{iP} 为基本结构上由于荷载作用，在第 i 个附加约束上产生的约束力，是方程中的常数项，称为**自由项**。自由项可为正，为负，也可为零。

上述方程组是按一定规则写出，且具有副系数互等的关系，故通常称为**位移法的典型方程**。

为了求得典型方程中的系数和自由项，需分别绘出基本结构中由于单位位移引起的单位弯矩 $\overline{M}_i$ 图和由于外荷载引起的 M_P 图。由于基本结构的各杆都是单跨超静定梁，其弯矩图可利用表 18-1、表 18-2 进行绘制。绘出 $\overline{M}_i$ 图和 M_P 图后，即可利用结点力矩平衡及结构部分平衡（一般取横梁部分沿附加链杆方位的投影平衡）的条件求出系数和自由项。

系数和自由项确定后，代入典型方程就可解出基本未知量。最后弯矩图可按下式作出。

$$M = \overline{M}_1 \Delta_1 + \overline{M}_2 \Delta_2 + \cdots + \overline{M}_n \Delta_n + M_P \qquad (18\text{-}2)$$

二、计算举例

1. 位移法计算连续梁和无侧移刚架

例 **18-1**　用位移法计算图 18-13a 所示连续梁，并作弯矩图。

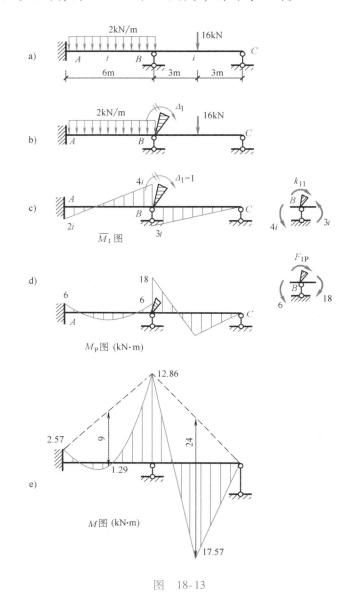

图　18-13

解　（1）选取基本体系。此连续梁只有一个刚结点，故基本未知量为刚结点 B 处的角位移 Δ_1，基本体系如图 18-13b 所示。

（2）建立位移法典型方程。根据基本结构在荷载和结点位移共同作用下在附加约束处的约束力应为零的条件，建立位移法方程如下：

$$k_{11}\Delta_1 + F_{1P} = 0$$

（3）求系数和自由项。分别作出基本结构在 $\Delta_1 = 1$ 和荷载单独作用下的 $\overline{M}_1$ 图和 M_P 图（图18-13c、d）。从这两个弯矩图中分别取出带有附加刚臂的结点 B 的隔离体（图18-13c、d），再由结点力矩平衡条件 $\sum M_B = 0$ 可得

$$k_{11} = 3i + 4i = 7i$$

$$F_{1P} = -12\text{kN} \cdot \text{m}$$

（4）求基本未知量 Δ_1。将系数和自由项代入位移法方程中，得

$$7i\Delta_1 - 12 = 0$$

得

$$\Delta_1 = \frac{12}{7i}$$

（5）作弯矩图。利用叠加公式 $M = \overline{M}_1\Delta_1 + M_P$，计算杆端弯矩。

$$M_{AB} = \left(2i\frac{12}{7i} - 6\right)\text{kN} \cdot \text{m} = -2.57\text{kN} \cdot \text{m}$$

$$M_{BA} = \left(4i\frac{12}{7i} + 6\right)\text{kN} \cdot \text{m} = 12.86\text{kN} \cdot \text{m}$$

$$M_{BC} = \left(3i\frac{12}{7i} - 18\right)\text{kN} \cdot \text{m} = -12.86\text{kN} \cdot \text{m}$$

根据杆端弯矩的正负号规定，确定杆端弯矩方向及杆的受拉边。将杆两端弯矩连成虚线，再叠加相应简支梁的弯矩，即得整个连续梁的弯矩图（图18-13e）。

例 18-2 用位移法作图18-14a所示刚架的内力图。各杆 $EI =$ 常数。

解 （1）选取基本体系。此刚架无结点线位移，故称为无侧移刚架。有一个刚结点 B，因此基本未知量为刚结点 B 处的角位移 Δ_1，基本体系如图18-14b所示。

（2）建立位移法典型方程。

$$k_{11}\Delta_1 + F_{1P} = 0$$

（3）求系数和自由项。分别作出基本结构在 $\Delta_1 = 1$ 和荷载单独作用下的 $\overline{M}_1$ 图和 M_P 图，如图18-14c、d所示。在图18-14c、d中分别取刚结点 B 为隔离体，由力矩平衡条件 $\sum M_B = 0$，可得

$$k_{11} = 3i + 4i = 7i$$

$$F_{1P} = -35\text{kN} \cdot \text{m}$$

（4）求基本未知量 Δ_1。将系数和自由项代入位移法方程

$$7i\Delta_1 - 35 = 0$$

得

$$\Delta_1 = \frac{35}{7i} = \frac{5}{i}$$

（5）作弯矩图。利用叠加公式 $M = \overline{M}_1\Delta_1 + M_P$，计算杆端弯矩。

$$M_{BA} = \left(3i\frac{5}{i} + 5\right)\text{kN} \cdot \text{m} = 20\text{kN} \cdot \text{m}$$

$$M_{BC} = -40\text{kN} \cdot \text{m}$$

$$M_{BD} = 4i\frac{5}{i} = 20\text{kN} \cdot \text{m}$$

$$M_{DB} = 2i\frac{5}{i} = 10\text{kN} \cdot \text{m}$$

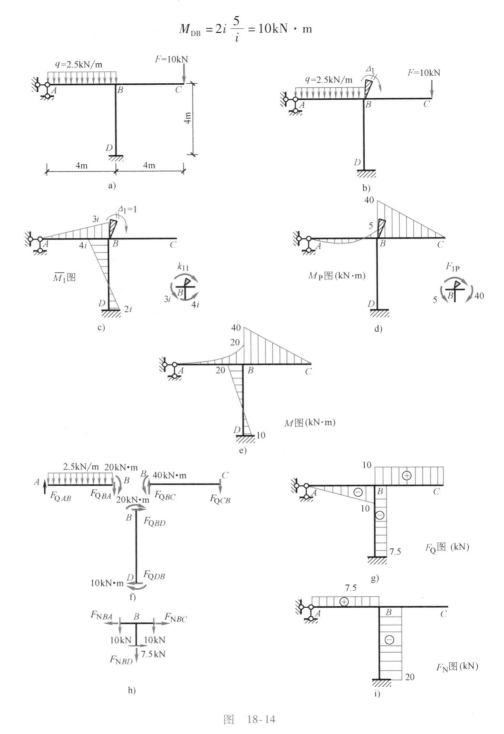

图　18-14

把杆端弯矩标在杆端受拉一侧，对有荷载的杆件，可用叠加法作出弯矩图。最后弯矩图如图 18-14e 所示。

（6）作剪力图和轴力图。用位移法计算刚架，首先求得的是结点位移，而不是力，所以无法直接作剪力图和轴力图。因此需要根据弯矩图作剪力图，再按剪力图作轴力图。具体作法如下：

取杆件 AB 为隔离体，其受力图如图 18-14f 所示，利用杆件平衡条件求出杆端剪力。

由 $\sum M_B = 0$ 得

$$F_{QAB} = \frac{2.5 \times 4 \times 2 - 20}{4} kN = 0$$

由 $\sum M_A = 0$ 得

$$F_{QBA} = \frac{-2.5 \times 4 \times 2 - 20}{4} kN = -10kN$$

同理，取杆件 BC（图 18-14f）为隔离体，由平衡条件得

$$F_{QCB} = F_{QBC} = 10kN$$

取杆件 BD（图 18-14f）为隔离体，由平衡条件得

$$F_{QDB} = F_{QBD} = -7.5kN$$

作剪力图，如图 18-14g 所示。

有了剪力图，可利用结点的平衡条件，求杆端轴力。

取结点 B 为隔离体，其受力图如图 18-14h 所示。BC 杆段是悬臂梁段且荷载与杆轴相垂直，因此该段各截面轴力相等且等于零，即 $F_{NBC} = 0$。

由 $\sum F_x = 0$，得

$$F_{NBA} = 7.5kN$$

由 $\sum F_y = 0$，得

$$F_{NBD} = （-10-10）kN = -20kN$$

作轴力图，如图 18-14i 所示。

例 18-3 用位移法计算图 18-15a 所示刚架，并绘弯矩 M 图。各杆 EI 为常数。

解 （1）选取基本体系。此刚架有两个刚结点，因此基本未知量为刚结点 C 处的角位移 Δ_1，刚结点 D 处的角位移 Δ_2，基本体系如图 18-15b 所示。

（2）建立位移法典型方程。

$$k_{11}\Delta_1 + k_{12}\Delta_2 + F_{1P} = 0 \qquad k_{21}\Delta_1 + k_{22}\Delta_2 + F_{2P} = 0$$

（3）求系数和自由项。首先作出基本结构在 $\Delta_1 = 1$ 和 $\Delta_2 = 1$ 作用下的 $\overline{M}_1$ 图、$\overline{M}_2$ 图（图 18-15c、d）。在图 18-15c、d 中取刚结点 C 为隔离体，由力矩平衡条件 $\sum M_C = 0$，可得

$$k_{11} = 11i \qquad k_{12} = 2i$$

取刚结点 D 为隔离体，由力矩平衡条件 $\sum M_D = 0$，得

$$k_{21} = 2i \qquad k_{22} = 5i$$

求自由项时，可作出荷载单独作用下的 M_P 图（图 18-15e）。分别由两个刚结点的力矩平衡条件 $\sum M_C = 0$、$\sum M_D = 0$，得

$$F_{1P} = -\frac{ql^2}{8} \qquad F_{2P} = \frac{ql^2}{8}$$

（4）求基本未知量。将系数和自由项代入位移法典型方程，得

$$11i\Delta_1 + 2i\Delta_2 - \frac{ql^2}{8} = 0 \qquad 2i\Delta_1 + 5i\Delta_2 + \frac{ql^2}{8} = 0$$

解方程组得

$$\Delta_1 = \frac{7ql^2}{408i} \qquad \Delta_2 = -\frac{13ql^2}{408i}$$

（5）作弯矩图。利用叠加公式 $M = \overline{M}_1\Delta_1 + \overline{M}_2\Delta_2 + M_P$，计算杆端弯矩。

$$M_{CB} = 3i \times \frac{7ql^2}{408i} = \frac{7ql^2}{136}$$

$$M_{CD} = 4i \times \frac{7ql^2}{408i} + 2i\left(-\frac{13ql^2}{408i}\right) - \frac{1}{8}ql^2 = -\frac{49}{408}ql^2$$

$$M_{ED} = -i\left(-\frac{13ql^2}{408i}\right) = \frac{13}{408}ql^2$$

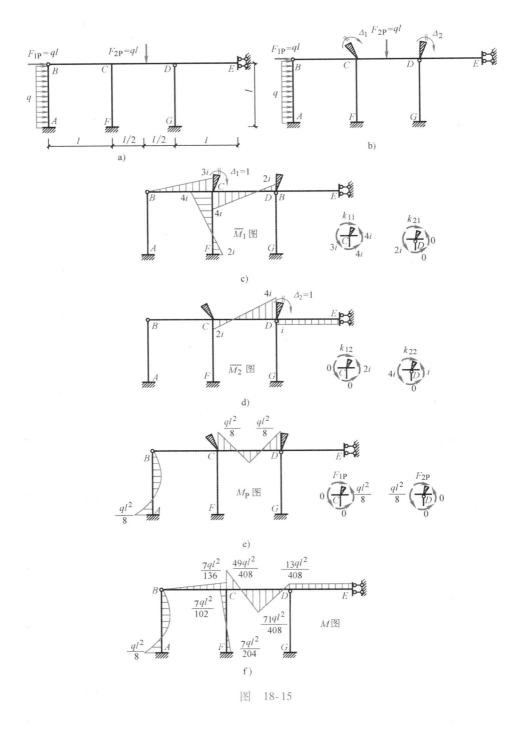

图　18-15

最后弯矩图如图 18-15f 所示。

2. 有侧移刚架的计算

有侧移刚架一般是指既有结点角位移，又有结点线位移的刚架。下面通过例题说明怎样用位移法计算这种刚架。

例 18-4　用位移法作图 18-16a 所示刚架的弯矩图。

解　(1) 选取基本体系。设刚结点 C 处的角位移为 Δ_1，结点 D 处的水平线位移为 Δ_2。其基本体系如图 18-16b 所示。

(2) 建立位移法典型方程。

$$k_{11}\Delta_1 + k_{12}\Delta_2 + F_{1P} = 0$$
$$k_{21}\Delta_1 + k_{22}\Delta_2 + F_{2P} = 0$$

(3) 求系数和自由项。分别作出基本结构在 $\Delta_1 = 1$、$\Delta_2 = 1$ 和荷载单独作用下的 $\overline{M}_1$ 图、$\overline{M}_2$ 图和 M_P 图，如图 18-16c、d、e 所示。

在图 18-16c 中取刚结点 C 为隔离体，由力矩平衡条件 $\sum M_C = 0$ 可得

$$k_{11} = 4i + 6i = 10i$$

截开有侧移的柱 AC、BD 的柱顶，取出柱顶以上横梁 CD 为隔离体。各柱的柱端剪力由表 18-2 查出，或由各柱的平衡条件求得。由横梁 CD 的投影方程 $\sum F_x = 0$ 可得

$$k_{21} = -1.5i$$

同理，由图 18-16d 中的结点 C 和横梁 CD 的平衡条件得

$$k_{12} = -1.5i \qquad k_{22} = 0.75i + 0.187i = 0.937i$$

由图 18-16e 中的结点 C 和横梁 CD 的平衡条件得

$$F_{1P} = 0 \qquad F_{2P} = -15\text{kN}$$

(4) 求基本未知量 Δ_1、Δ_2。将系数和自由项代入位移法典型方程，得

$$10i\Delta_1 - 1.5i\Delta_2 = 0$$

$$-1.5i\Delta_1 + 0.937i\Delta_2 - 15 = 0$$

解方程，得

$$\Delta_1 = \frac{3.15}{i} \qquad \Delta_2 = \frac{21}{i}$$

(5) 作弯矩图。利用叠加公式 $M = \overline{M}_1\Delta_1 + \overline{M}_2\Delta_2 + M_P$，计算杆端弯矩。

$$M_{AC} = 2i \times \frac{3.15}{i} - 1.5i \times \frac{21}{i} = -25.18\text{kN} \cdot \text{m}$$

$$M_{CA} = 4i \times \frac{3.15}{i} - 1.5i \times \frac{21}{i} = -18.9\text{kN} \cdot \text{m}$$

$$M_{CD} = 6i \times \frac{3.15}{i} = 18.9\text{kN} \cdot \text{m}$$

$$M_{BD} = -\frac{3}{4}i \times \frac{21}{i} - 20 = -35.8\text{kN} \cdot \text{m}$$

最后弯矩图如图 18-16f 所示。

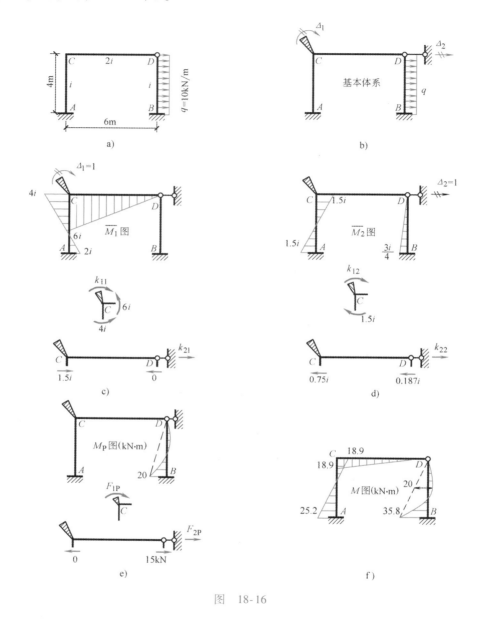

图　18-16

根据以上几例位移法解题过程，将位移法计算步骤归纳如下：

1）确定基本未知量，在原结构上加入附加约束，得到基本结构。

2）根据基本结构在荷载和结点位移共同作用下在附加约束处的约束力应为零的条件建立位移法典型方程。

3）分别作出基本结构的单位弯矩 $\overline{M}_i$ 图和荷载弯矩图 M_P 图，由平衡条件计算系数和自由项。

4）解方程，求出基本未知量。

5）按叠加法作出最后弯矩图；根据最后弯矩图作出剪力图；再根据剪力图作出轴力图。

第五节 对称性的利用

对于工程中应用较多的对称连续梁和刚架,仍然可以利用结构和荷载的对称性进行简化计算。对对称结构而言,任何荷载都可分解为正对称荷载和反对称荷载。而对称结构在正对称荷载作用下,变形和内力是正对称分布的;在反对称荷载作用下,变形和内力是反对称分布的。这些特征并不因计算方法而改变。因此用位移法计算对称结构时,在正对称荷载或反对称荷载作用下,仍然可以利用对称轴上的变形和内力特征,取半结构进行计算,以减少基本未知量的个数,达到简化计算的目的。

现以例题说明用位移法计算对称结构的方法。

例 18-5 用位移法作图 18-17a 所示对称刚架的弯矩图(E 为常数)。

解 (1)选取基本体系。图 18-17a 所示刚架为对称结构,受正对称荷载作用。利用对称性取其一半结构(图 18-17b)。因此基本未知量只有一个,即结点 C 的角位移 Δ_1。半刚架的基本体系如图 18-17c 所示。

(2)建立位移法典型方程。

$$k_{11}\Delta_1 + F_{1P} = 0$$

(3)求系数和自由项。分别作出基本结构在 $\Delta_1 = 1$ 和荷载单独作用下的 $\overline{M}_1$ 图和 M_P 图,其中杆 CE 的线刚度 $i_{CE} = 3EI/3 = EI$,杆 CA 的线刚度 $i_{CA} = EI/4$,如图 18-17d、e 所示。取结点 C 为隔离体,再由结点力矩平衡条件可得

$$k_{11} = i_{CE} + 4i_{CA} = EI + 4 \times \frac{EI}{4} = 2EI$$

$$F_{1P} = -18\text{kN} \cdot \text{m}$$

(4)求基本未知量 Δ_1。将系数和自由项代入位移法典型方程,得

$$2EI\Delta_1 - 18 = 0$$

解方程,得

$$\Delta_1 = \frac{9}{EI}$$

(5)作弯矩图。利用叠加公式 $M = \overline{M}_1\Delta_1 + M_P$,作出半结构的弯矩图(图 18-17f),利用对称性作出刚架的最后弯矩图(图 18-17g)。

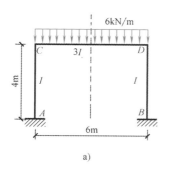
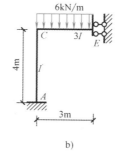
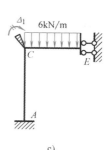

图 18-17

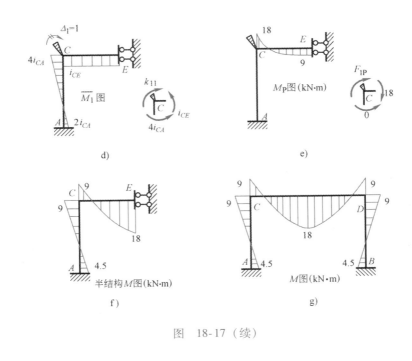

图 18-17（续）

位移法是计算超静定结构的基本方法之一，适用于计算超静定次数较高而结点位移较少的连续梁和刚架，是力矩分配法的基础。要正确理解位移法的基本概念。

一、位移法的基本概念

位移法的基本未知量是结构的结点位移，即刚结点的角位移和独立的结点线位移。

位移法的基本结构是在未知量处增加相应的约束，使结构成为若干个单跨超静定梁。这时，应注意等截面单跨超静定梁的形常数和载常数，对它们的物理意义应了解清楚。还要注意关于杆端位移和杆端力的正负号规定，特别是杆端弯矩正负号的规定。

位移法求解未知量的方程是平衡方程。对每一个刚结点，可以写一个结点力矩平衡方程；对每一个独立的结点线位移，写一个沿线位移方位的投影平衡方程。平衡方程数目与基本未知量的数目相等。理解位移法典型方程中系数和自由项的物理意义。

二、对称性的利用

对于对称结构来说，用位移法解题时，必须先将荷载分解为正对称荷载或反对称荷载，然后取半结构进行计算。

对比位移法和力法，找出对应关系，以便掌握两种方法，认识两种方法解题的合理性。

思 考 题

18-1 位移法中对杆端角位移、杆端相对线位移、杆端弯矩和杆端剪力的正负号是怎样规定的？

18-2 位移法的基本未知量有哪些？

18-3 结点角位移的数目怎样确定？

18-4 独立结点线位移的数目是怎样确定的？确定的基本假设是什么？

18-5 用位移法计算超静定结构时，怎样得到基本结构？这与力法计算时所选取基本结构的思路有什么根本的不同？对于同一结构，力法计算时可以选择不同的基本结构，位移法可能有几种不同的基本结构吗？

18-6 位移法的基本结构和基本体系有什么不同？它们各自在位移法的计算过程中起什么作用？

18-7 位移法方程中的系数 k_{ii}、k_{ij} 和自由项 F_{iP} 各代表什么物理意义？怎样计算？

18-8 位移法方程的物理意义是什么？

18-9 怎样由位移法所得的杆端弯矩画出杆件弯矩图？

18-1 试确定图 18-18 所示结构用位移法计算时的基本未知量数目。

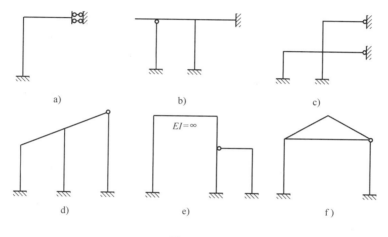

图　18-18

18-2 用图形表示出图 18-19 所示各结构的基本体系，并画出基本体系的单位弯矩 $\overline{M}$ 图及荷载弯矩 M_P 图。

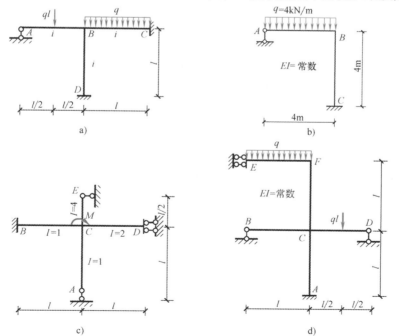

图　18-19

18-3 用位移法计算图 18-20 所示各连续梁及无侧移刚架，并作内力图。

18-4 用位移法计算图 18-21 所示刚架，并作 M 图。

18-5 用位移法计算图 18-22 所示有侧移刚架，并作 M 图。

18-6 利用对称性，用位移法计算图 18-23 所示各结构，并作 M 图。

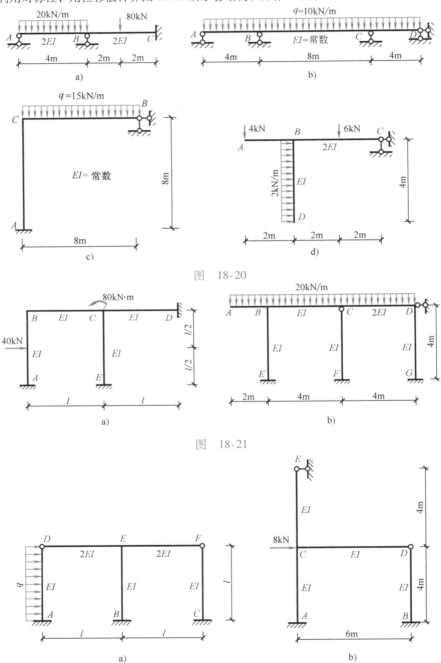

图 18-20

图 18-21

图 18-22

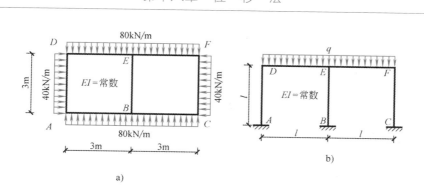

图 18-23

第十九章　力矩分配法

学习目标

1. 理解转动刚度、分配系数、传递系数的概念，掌握它们的取值。
2. 通过单结点的力矩分配法，理解力矩分配法的物理意义，掌握力矩分配法的主要环节。
3. 理解多结点的力矩分配就是逐次对每一个结点应用单结点力矩分配。
4. 熟练掌握用力矩分配法计算荷载作用下连续梁和无侧移刚架，并绘制内力图。

前面两章介绍的力法和位移法是计算超静定结构的两种基本方法。这两种方法的优点是计算结果准确可靠，但必须建立和解算联立方程，需要进行大量的计算工作，特别是基本未知量数目较多时，其计算工作更加繁重。

本章所介绍的力矩分配法，是工程中广为采用的一种实用方法。它是建立在位移法基础上的一种渐近计算法。采用这类计算方法，既可避免解算联立方程组，又可遵循一定的步骤进行计算，十分简便。但力矩分配法也有一定的局限性，它只适合于连续梁及无侧移刚架的计算。

由于力矩分配法是以位移法为基础的，因此本章中的基本结构及有关的正负号规定等，均与位移法相同。如杆端弯矩仍规定为：对杆端而言，以顺时针转向为正，逆时针转向为负；对结点或支座而言，则以逆时针转向为正，顺时针转向为负；而结点上的外力矩仍以顺时针转向为正等。

第一节　力矩分配法的基本原理

一、转动刚度

对于任意支承形式的单跨超静定梁 AB，为使某一端（设为 A 端）产生角位移 φ_A，则需在该端施加一力矩 M_{AB}。$\varphi_A = 1$ 时所需施加的力矩，称为 AB 杆在 A 端的转动刚度，并用 S_{AB} 表示，其中施力端 A 端称为近端，而 B 端则称为远端，如图 19-1a 所示。同理，使 AB 杆 B 端产生的转角位移 $\varphi_B = 1$ 时，所须施加的力矩为 AB 杆 B 端的转动刚度，并用 S_{BA} 表示，如图 19-1b 所示。

a)　　　　　　　　　　　　　b)

图　19-1

当近端转角 $\varphi_A \neq 1$（或 $\varphi_B \neq 1$）时，则 $M_{AB} = S_{AB}\varphi_A$（或 $M_{BA} = S_{BA}\varphi_B$）。

杆件的转动刚度 S_{AB} 反映了杆端抵抗转动的能力，其值不仅与杆件的线刚度 i 有关，还与杆件远端的支承情况有关。图 19-2 中分别给出了在不同远端支承情况下的杆端转动刚度 S_{AB} 的表达式。

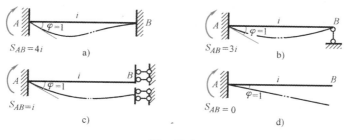

$$
\begin{aligned}
&S_{AB}=4i \qquad \text{a)}\\
&S_{AB}=3i \qquad \text{b)}\\
&S_{AB}=i \qquad \text{c)}\\
&S_{AB}=0 \qquad \text{d)}
\end{aligned}
$$

图　19-2

a）远端固定　b）远端铰支　c）远端定向　d）远端自由

二、传递系数

对于单跨超静定梁而言，当一端发生转角而具有弯矩时（称为近端弯矩），其另一端，即远端，一般也将产生弯矩（称为远端弯矩）。通常将远端弯矩同近端弯矩的比值，称为杆件由近端向远端的传递系数，并用 C 表示。图 19-3 所示梁 AB 由 A 端向 B 端的传递系数应为

$$
C_{AB} = \frac{M_{BA}}{M_{AB}} = \frac{2i\varphi_A}{4i\varphi_A} = \frac{1}{2}
$$

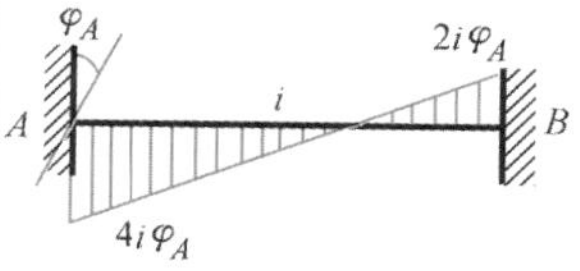

图　19-3

显然，对不同的远端支承情况，其传递系数也将不同，详见表 19-1。

表 19-1　不同远端支承情况下的传递系数

简　图	远端支承情况	传递系数
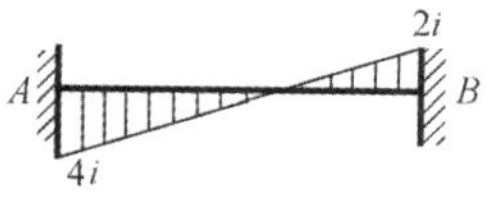 A 2i 4i B	固定	1/2
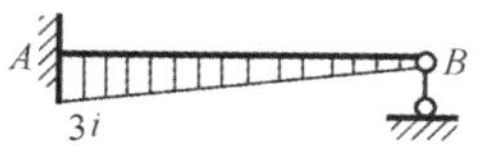 A 3i B	铰支	0
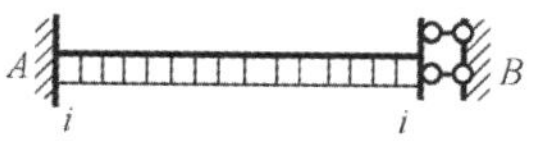 A i i B	定向	−1

三、力矩分配法的基本原理

下面，以具有结点外力矩的单结点结构为例，说明力矩分配法的基本原理。

图 19-4a 所示为一单结点结构，各杆均为等截面直杆，刚结点 A 为各杆的汇交点。设各杆的线刚度分别为 i_{A1}、i_{A2} 和 i_{A3}。在结点力矩 M 作用下，各杆在汇交点 A 处将产生相同的转角 φ_A，各杆发生的变形如图中双点画线所示。

由转动刚度的定义可知

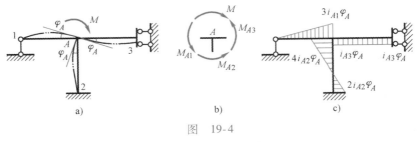

图　19-4

$$M_{A1} = S_{A1}\varphi_A = 3i_{A1}\varphi_A$$
$$M_{A2} = S_{A2}\varphi_A = 4i_{A2}\varphi_A \left.\right\} \qquad\qquad (a)$$
$$M_{A3} = S_{A3}\varphi_A = i_{A3}\varphi_A$$

如图 19-4c 所示。

利用结点 A（图 19-4b）的力矩平衡条件得

$$M = M_{A1} + M_{A2} + M_{A3} = (S_{A1} + S_{A2} + S_{A3})\varphi_A$$

所以

$$\varphi_A = \frac{M}{\sum S_{Ak}}(k = 1, 2, 3)$$

式中，$\sum S_{Ak}$ 为汇交于结点 A 的各杆件在 A 端的转动刚度之和。

将所求得的 φ_A 代入式（a），得

$$M_{A1} = \frac{S_{A1}}{\sum S_{Ak}}M$$
$$M_{A2} = \frac{S_{A2}}{\sum S_{Ak}}M \left.\right\}$$
$$M_{A3} = \frac{S_{A3}}{\sum S_{Ak}}M$$

即　　　　$$M_{Ak} = \frac{S_{Ak}}{\sum S_{Ak}}M(k = 1, 2, 3) \qquad\qquad (b)$$

令　　　　　　　$$\mu_{Ak} = \frac{S_{Ak}}{\sum S_{Ak}} \qquad\qquad (19-1)$$

式中，μ_{Ak} 称为各杆在 A 端的**分配系数**。汇交于同一结点的各杆杆端的分配系数之和应等于 1，即

$$\sum \mu_{Ak} = \mu_{A1} + \mu_{A2} + \mu_{A3} = 1$$

于是，式（b）可写成

$$M_{Ak} = \mu_{Ak}M \qquad\qquad (19-2)$$

由式（19-2）可见，加于结点 A 的外力矩 M，按各杆杆端的分配系数分配给各杆的近端。各杆的远端弯矩 M_{kA} 可以利用传递系数求出，即

$$M_{kA} = C_{Ak}M_{Ak} \qquad\qquad (19-3)$$

本例中　　　　$$M_{1A} = C_{A1}M_{A1} = 0$$

$$M_{2A} = C_{A2}M_{A2} = \frac{1}{2} \times 4i_{A2}\varphi_A = 2i_{A2}\varphi_A$$

$$M_{3A} = C_{A3}M_{A3} = -1 \times i_{A3}\varphi_A = -i_{A3}\varphi_A$$

最后，作弯矩图如图 19-4c 所示。

上述求解杆端弯矩的方法称为力矩分配法。力矩分配法求杆端弯矩的基本步骤如下：

1）计算各杆的分配系数 μ_{Ak}。

$$\mu_{Ak} = \frac{S_{Ak}}{\sum S_{Ak}}$$

2）由分配系数利用式（19-2）计算各杆近端的弯矩。为了区别于杆件的最后杆端弯矩，称此弯矩为**分配弯矩**，并用 M_{Ak}^{μ} 表示。

$$M_{Ak}^{\mu} = \mu_{Ak}M$$

3）由各杆的传递系数 C_{Ak}，利用式（19-3）计算各杆的远端弯矩，又称为**传递弯矩**，并用 M_{kA}^{C} 表示。

$$M_{kA}^{C} = C_{Ak}M_{Ak}^{\mu}$$

例 19-1 图 19-5a 所示为两跨连续梁，各杆 EI 为常数，试作其弯矩图。

解 此连续梁为一单结点结构，根据位移法概念，可将 AB 和 BC 分别看成两端固定和一端固定一端铰支的单跨梁，在刚结点 B 处汇交。

（1）计算各杆分配系数。因为超静定结构内力只与相对刚度有关，与绝对刚度无关，为计算方便起见，设 $EI = 6$，则

$$i_{AB} = \frac{EI}{l_{AB}} = 1 \qquad i_{BC} = \frac{EI}{l_{BC}} = 2$$

故有

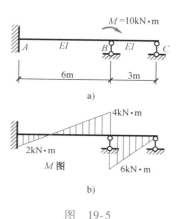

图 19-5

$$\mu_{BA} = \frac{S_{BA}}{\sum S_B} = \frac{4i_{AB}}{4i_{AB} + 3i_{BC}} = \frac{4}{4 \times 1 + 3 \times 2} = \frac{4}{10} = 0.4$$

$$\mu_{BC} = \frac{S_{BC}}{\sum S_B} = \frac{6}{10} = 0.6$$

（2）计算各杆分配弯矩。

$$M_{BA}^{\mu} = \mu_{BA}M = 0.4 \times 10\text{kN} \cdot \text{m} = 4\text{kN} \cdot \text{m}$$

$$M_{BC}^{\mu} = \mu_{BC}M = 0.6 \times 10\text{kN} \cdot \text{m} = 6\text{kN} \cdot \text{m}$$

（3）计算各杆传递弯矩。

将 AB 看成两端固定的梁，故查表 19-1 得 $C_{BA} = \frac{1}{2}$，则

$$M_{AB}^{C} = C_{BA}M_{BA}^{\mu} = \frac{1}{2} \times 4\text{kN} \cdot \text{m} = 2\text{kN} \cdot \text{m}$$

将 BC 看成一端固定一端铰支的梁，故查表 19-1 得 $C_{BC} = 0$，则

$$M_{CB}^{\mu} = C_{BC}M_{BC}^{\mu} = 0$$

（4）作弯矩图如图 19-5b 所示。

四、非结点荷载作用下单结点结构的计算

图 19-6a 所示为一等截面两跨连续梁，在荷载作用下，结点 B 产生转角 φ_B，设为正向。

梁的变形曲线如图中双点画线所示。

　　首先在结点 B 上加一阻止该结点转动的附加刚臂，此时，连续梁 ABC 被转化为两个单跨超静定梁。然后将荷载加于该梁上，各杆将产生固端弯矩，变形曲线如图 19-6b 所示。结点 B 处附加刚臂上的约束力矩 M_B^F 可根据图 19-6d 所示结点 B 的力矩平衡情况，列平衡方程求得

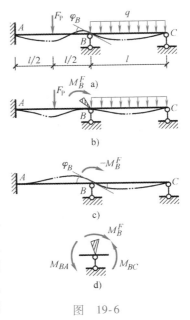

图　19-6

$$M_B^F = M_{BA}^F + M_{BC}^F = \sum M_{Bk}^F$$

式中，约束力矩 M_B^F 称为结点 B 上的**不平衡力矩**，它等于汇交于该结点上各杆端的固端弯矩之代数和，以顺时针方向为正。

　　在连续梁的结点 B 上并没有附加刚臂，也不存在约束力矩 M_B^F。因此，为了消除附加刚臂的影响，在结点 B 施加一个与约束力矩等值反向的力矩 $-M_B^F$，此力矩迫使连续梁产生新的变形，新产生的变形如图 19-6c 所示。将图 19-6b 和图 19-6c 所示两种情况相叠加，就得到图 19-6a 原结构的情况。因此，只要将图 19-6b 和图 19-6c 所示的杆端弯矩叠加，即可得到实际的杆端弯矩。其中图 19-6c 中的各杆端弯矩可由前述的力矩分配法求得，图 19-6b 为单跨梁的固端弯矩求解，查表 18-1 可得。

　　通过以上分析，可将单结点结构力矩分配法的计算步骤归纳如下：

　　1）固定结点 B，即在结点 B 处加附加刚臂。计算各杆的固端弯矩 M_{Bk}^F，并求出结点不平衡力矩 $M_B^F = \sum M_{Bk}^F$。

　　2）放松结点 B，相当于在结点 B 加力矩 $-M_B^F$，进行下列计算：

分配系数
$$\mu_{Bk} = \frac{S_{Bk}}{\sum S_B}$$

分配弯矩
$$M_{Bk}^\mu = \mu_{Bk}(-M_B^F)$$

传递弯矩
$$M_{kB}^C = C_{Bk}M_{Bk}^\mu$$

　　3）叠加，计算各杆杆端最后弯矩。

$$M_{Bk} = M_{Bk}^F + M_{Bk}^\mu + M_{Bk}^C$$

$$M_{kB} = M_{kB}^F + M_{kB}^C + M_{kB}^\mu$$

例 19-2　试用力矩分配法计算图 19-7 所示连续梁，并绘 M 图。

解　通常在梁的正下方列表表示计算过程。

（1）计算固端弯矩。查表 18-1 得

$$M_{AB}^F = 0$$

$$M_{BA}^F = \frac{3F_Pl}{16} = \frac{3 \times 80 \times 6}{16} \text{kN} \cdot \text{m} = 90 \text{kN} \cdot \text{m}$$

$$M_{BC}^F = -M_{CB}^F = -\frac{ql^2}{12} = -\frac{20 \times 6^2}{16} \text{kN} \cdot \text{m} = -60 \text{kN} \cdot \text{m}$$

将固端弯矩记在表的第二行的方框内。

　　结点的不平衡力矩为

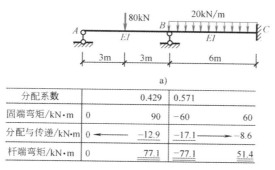

a)

分配系数		0.429	0.571	
固端弯矩/kN·m	0	90	−60	60
分配与传递/kN·m	0 ←	−12.9	−17.1 ⟶	−8.6
杆端弯矩/kN·m	0	<u>77.1</u>	<u>−77.1</u>	<u>51.4</u>

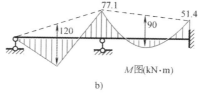

b)

图 19-7

$$M_B^F = M_{BA}^F + M_{BC}^F = (90 - 60)\text{kN} \cdot \text{m} = 30\text{kN} \cdot \text{m}$$

（2）计算分配系数、分配弯矩和传递弯矩。设 $EI = 6$，分配系数为

$$\mu_{BA} = \frac{S_{BA}}{\sum S_B} = \frac{3i_{BA}}{3i_{BA} + 4i_{BC}} = \frac{4}{3 + 4} = 0.429$$

$$\mu_{BC} = \frac{4}{3 + 4} = 0.571$$

校核：$\mu_{BA} + \mu_{BC} = 0.429 + 0.571 = 1$，无误。将分配系数记在表的第一行的方框内。

分配弯矩为

$$M_{BA}^\mu = 0.429 \times (-30)\text{kN} \cdot \text{m} = -12.9\text{kN} \cdot \text{m}$$

$$M_{BC}^\mu = 0.571 \times (-30)\text{kN} \cdot \text{m} = -17.1\text{kN} \cdot \text{m}$$

传递弯矩为

$$M_{AB}^C = 0 \times (-12.9)\text{kN} \cdot \text{m} = 0$$

$$M_{CB}^C = \frac{1}{2} \times (-17.1)\text{kN} \cdot \text{m} = -8.6\text{kN} \cdot \text{m}$$

将它们记在表的第三行的方框内。在结点 B 的分配弯矩下画横线，表明该结点已经达到平衡；在分配弯矩和传递弯矩之间画一箭头，表示弯矩传递的方向。

（3）计算各杆杆端最后弯矩，并记在表的第四行的方框内。

$$M_{AB} = 0$$

$$M_{BA} = (90 - 12.9)\text{kN} \cdot \text{m} = 77.1\text{kN} \cdot \text{m}$$

$$M_{BC} = (-60 - 17.1)\text{kN} \cdot \text{m} = -77.1\text{kN} \cdot \text{m}$$

$$M_{CB} = (60 - 8.6)\text{kN} \cdot \text{m} = 51.4\text{kN} \cdot \text{m}$$

（4）作最后弯矩图（图 19-7b）。

例 19-3 试用力矩分配法计算图 19-8a 所示刚架，并绘 M 图。

解 （1）计算分配系数。

$$\mu_{AB} = \frac{3 \times 2}{3 \times 2 + 4 \times 1.5 + 4 \times 2} = \frac{6}{20} = 0.3$$

$$\mu_{AD} = \frac{4 \times 1.5}{20} = 0.3$$

$$\mu_{AC} = \frac{4 \times 2}{20} = 0.4$$

（2）计算固端弯矩。

$$M_{AB}^{F} = \frac{ql^2}{8} = \frac{30 \times 4^2}{8} \text{kN} \cdot \text{m} = 60 \text{kN} \cdot \text{m}$$

$$M_{AC}^{F} = 0$$

$$M_{AD}^{F} = -\frac{F_{\text{P}} ab^2}{l^2} = -\frac{100 \times 3 \times 2^2}{5^2} \text{kN} \cdot \text{m} = -48 \text{kN} \cdot \text{m}$$

$$M_{DA}^{F} = \frac{F_{\text{P}} a^2 b}{l^2} = \frac{100 \times 3^2 \times 2}{5^2} \text{kN} \cdot \text{m} = 72 \text{kN} \cdot \text{m}$$

结点的不平衡力矩为

$$M_{A}^{F} = (60 + 0 - 48) \text{kN} \cdot \text{m} = 12 \text{kN} \cdot \text{m}$$

列表格进行力矩分配。作 M 图如图 19-8b 所示。

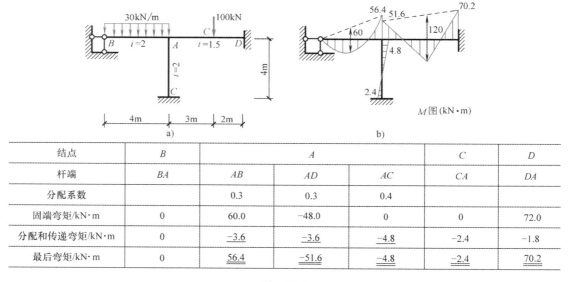

结点	B	A			C	D
杆端	BA	AB	AD	AC	CA	DA
分配系数		0.3	0.3	0.4		
固端弯矩/kN·m	0	60.0	−48.0	0	0	72.0
分配和传递弯矩/kN·m	0	−3.6	−3.6	−4.8	−2.4	−1.8
最后弯矩/kN·m	0	56.4	−51.6	−4.8	−2.4	70.2

图 19-8

第二节 力矩分配法计算连续梁及无侧移刚架

上节通过对单结点结构的分析，了解了力矩分配法的基本原理和解题思路。由于单结点结构只有一个不平衡力矩，所以计算时只需对其进行一次分配和传递，就能使结点上各杆的力矩获得平衡。而对于具有多个刚结点的连续梁和无侧移刚架，同样也可以通过多次对力矩分配和传递，使各结点都趋于平衡。由于具有多个结点不平衡力矩，计算时放松结点的顺序可不一样，但这并不影响最后结果。为了缩短计算过程，一般先放松不平衡力矩绝对值较大的结点，反复运用单结点的运算手段，直至每个结点上的杆端弯矩都趋于平衡为止，下面结合实例说明其计算方法。

图 19-9 所示为三跨等截面连续梁，在荷载作用下，两个中间结点 B、C 将发生转角，

即具有两个结点转角位移。首先用附加刚臂分别固定结点 B 和点 C，使之不能转动，则连续梁被分隔成三个独立的单跨超静定梁。

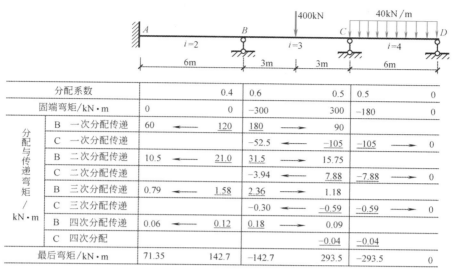

分配系数			0.4	0.6	0.5	0.5	0
固端弯矩/kN·m		0	0	−300	300	−180	
分配与传递弯矩 / kN·m	B 一次分配传递	60	← 120	180	90		
	C 一次分配传递			−52.5 ←	−105	−105 →	0
	B 二次分配传递	10.5 ←	21.0	31.5	15.75		
	C 二次分配传递			−3.94 ←	7.88	−7.88 →	0
	B 三次分配传递	0.79 ←	1.58	2.36	1.18		
	C 三次分配传递			−0.30 ←	−0.59	−0.59 →	0
	B 四次分配传递	0.06 ←	0.12	0.18	0.09		
	C 四次分配				−0.04	−0.04	
最后弯矩/kN·m		71.35	142.7	−142.7	293.5	−293.5	0

图　19-9

计算各杆的固端弯矩：

$$M_{AB}^F = M_{BA}^F = 0$$

$$M_{BC}^F = -M_{CB}^F = -\frac{F_P l}{8} = -\frac{400 \times 6}{8}\text{kN} \cdot \text{m} = -300\text{kN} \cdot \text{m}$$

$$M_{CD}^F = -\frac{q l^2}{8} = -\frac{40 \times 6^2}{8}\text{kN} \cdot \text{m} = -180\text{kN} \cdot \text{m}$$

$$M_{DC} = 0$$

B、C 两点处的不平衡力矩分别为

$$M_B^F = M_{BA}^F + M_{BC}^F = (0 - 300)\text{kN} \cdot \text{m} = -300\text{kN} \cdot \text{m}$$

$$M_C^F = M_{CB}^F + M_{CD}^F = (300 - 180)\text{kN} \cdot \text{m} = 120\text{kN} \cdot \text{m}$$

先放松不平衡力矩绝对值大的结点 B，结点 C 仍被固定，此时对 ABC 部分可利用上节所述的力矩分配法进行计算。为此，需先求出汇交于结点 B 的各杆端的分配系数，即

$$\mu_{BA} = \frac{4 \times 2}{4 \times 2 + 4 \times 3} = 0.4 \qquad \mu_{BC} = \frac{4 \times 3}{4 \times 2 + 4 \times 3} = 0.6$$

然后进行力矩分配，将不平衡力矩 M_B^F 反号乘以分配系数，求得结点 B 上各杆近端的分配弯矩为

$$M_{BA}^\mu = 0.4 \times 300\text{kN} \cdot \text{m} = 120\text{kN} \cdot \text{m}$$

$$M_{BC}^\mu = 0.6 \times 300\text{kN} \cdot \text{m} = 180\text{kN} \cdot \text{m}$$

将分配弯矩乘以相应的传递系数求得远端传递弯矩为

$$M_{AB}^C = C_{BA} M_{BA}^\mu = \frac{1}{2} \times 120\text{kN} \cdot \text{m} = 60\text{kN} \cdot \text{m}$$

$$M_{CB}^C = C_{BA} M_{BC}^\mu = \frac{1}{2} \times 180\text{kN} \cdot \text{m} = 90\text{kN} \cdot \text{m}$$

这样就完成了结点 B 的第一次分配和传递，将分配系数、固端弯矩及求得的分配及传递弯

矩分别记入图 19-9 所示的表格中。结点 B 经一次分配传递后，获得了暂时的平衡。

然后，再来考虑结点 C，其上仍存在着不平衡力矩。但是数值已不再是开始求得的值，而应在此基础上增加结点 B 传来的传递弯矩 $M_{CB}^C = 90kN \cdot m$，即应为（$120 + 90$）$kN \cdot m =$ $210kN \cdot m$。为了消除这一不平衡力矩，需将结点 B 重新固定，而放松结点 C，在 BCD 部分进行力矩的分配和传递。汇交于结点 C 的各杆端的分配系数为

$$\mu_{CB} = \frac{4 \times 3}{4 \times 3 + 3 \times 4} = 0.5 \qquad \mu_{CD} = \frac{3 \times 4}{4 \times 3 + 3 \times 4} = 0.5$$

故各杆近端的分配弯矩为

$$M_{CB}^\mu = 0.5 \times (-210)kN \cdot m = -105kN \cdot m$$
$$M_{CD}^\mu = 0.5 \times (-210)kN \cdot m = -105kN \cdot m$$

远端的传递弯矩为

$$M_{BC}^C = \frac{1}{2} \times (-105)kN \cdot m = -52.5kN \cdot m$$
$$M_{DC}^C = 0$$

将上述分配系数和各计算结果亦记入图 19-9 的表中，在分配弯矩值的下面画一横线，表明此时结点 C 也获得了平衡，即结点 C 的第一次分配传递结束。至此，结构第一轮的计算结束。由于结点 C 放松时，又使得结点 B 有了新的不平衡力矩（即由结点 C 传来的弯矩 $M_{BC}^C = -52.5kN \cdot m$），不过其值已明显小于第一次的不平衡力矩 $-300kN \cdot m$，为此需重新固定结点 C，对结点 B 并进行第二轮的力矩分配与传递；同理，分配与传递后结点 C 再次失去平衡，应再对其进行第二次力矩分配与传递。如此循环若干次之后，不平衡力矩越来越小，当其小到可以忽略不计时，便以不再传递力矩作为结束。此时的结构就非常接近于自然的平衡状态了。

将历次计算结果都记入图 19-9 的表中，最后将每一杆端历次的分配弯矩、传递弯矩和原来的固端弯矩代数相加，便得到各杆端的最后弯矩，见图 19-9 中表格最后一行。

上述的计算方法同样可用于多结点无侧移刚架。

综上所述，力矩分配法的计算过程，是依次放松各结点，以消去其上的不平衡力矩，使其逐渐接近于真实的弯矩值，所以它是一种渐近计算法。多结点结构的力矩分配法计算步骤可归纳如下：

1）求出汇交于各结点每一杆端的分配系数 μ，并确定其传递系数 C。

2）计算各杆杆端的固端弯矩 M^F。

3）进行第一轮次的分配与传递，从不平衡力矩绝对值较大的结点开始，依次放松各结点，对相应的不平衡力矩反号进行分配与传递。

4）循环步骤 3，直到最后一个结点的传递弯矩小到可以略去为止（结束分配）。

5）求最后杆端弯矩。将各杆杆端的固端弯矩与历次的分配弯矩和传递弯矩代数相加即为最后弯矩。

6）作弯矩图（叠加法），必要时根据弯矩图再作剪力图。

例 19-4　试用力矩分配法计算图 19-10a 所示刚架，并作弯矩图。

解　（1）计算分配系数。设 $EI = 6$，则有

$$S_{BA} = 4i_{BA} = 4 \times \frac{6}{6} = 4$$

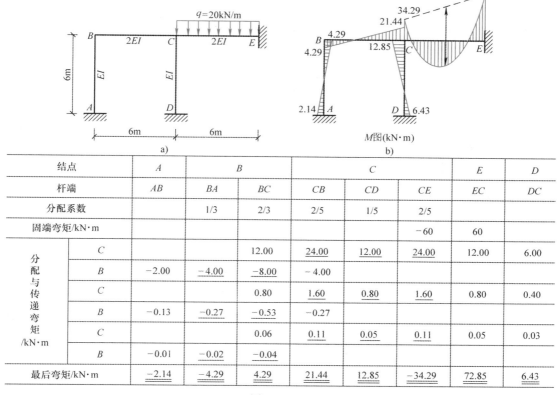

图 19-10

$$S_{BC} = 4i_{BC} = 4 \times \frac{12}{6} = 8 = S_{CB}$$

$$S_{CE} = 4i_{CE} = 4 \times \frac{12}{6} = 8$$

$$S_{CD} = 4i_{CD} = 4 \times \frac{6}{6} = 4$$

$$\mu_{BA} = \frac{S_{BA}}{\sum S_B} = \frac{4}{4+8} = \frac{1}{3}$$

$$\mu_{BC} = \frac{S_{BC}}{\sum S_B} = \frac{8}{4+8} = \frac{2}{3}$$

$$\mu_{CB} = \mu_{CE} = \frac{8}{8+8+4} = \frac{2}{5}$$

$$\mu_{CD} = \frac{4}{8+8+4} = \frac{1}{5}$$

（2）计算固端弯矩。

$$M_{CE}^F = -\frac{ql^2}{12} = -\frac{20 \times 6^2}{12} \mathrm{kN \cdot m} = -60 \mathrm{kN \cdot m}$$

$$M_{EC}^F = \frac{ql^2}{12} = 60 \mathrm{kN \cdot m}$$

（3）力矩分配和传递。

从结点 C 开始分配。演算过程见图 19-10 中计算表，最后弯矩图如图 19-10b 所示。

例 19-5　作图 19-11a 所示连续梁的弯矩图。

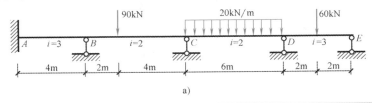

a)

分配系数		0.6	0.4		0.5	0.5		0.471	0.529	
固端弯矩/kN·m		0	0	−80		40	−60		60	−45	0
分配与传递弯矩 /kN·m	B、D	24 ←	48	32 →		16	−3.6 ←	−7.1	−7.9 →	0	
	C			1.9	←	3.8	3.8 →		1.9		
	B、D	−0.6 ←	−1.1	−0.8		−0.4	−0.5	←	−0.9	−1 →	0
	C			0.3	←	0.5	0.5 →		0.3		
	B、D		−0.2	−0.1						−0.1	−0.2
最后弯矩/kN·m		23.3	46.7	−46.7		60	−60		54.1	−54.1	0

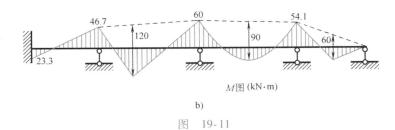

M 图 (kN·m)

b)

图　19-11

解　（1）计算分配系数。

转动刚度

$$S_{BA} = 4 \times 3 = 12 \qquad S_{BC} = 4 \times 2 = 8 \qquad S_{CB} = 4 \times 2 = 8$$
$$S_{CD} = 4 \times 2 = 8 \qquad S_{DC} = 4 \times 2 = 8 \qquad S_{DE} = 3 \times 3 = 9$$

分配系数

$$\mu_{BA} = \frac{12}{12+8} = 0.6 \qquad \mu_{BC} = \frac{8}{12+8} = 0.4 \qquad \mu_{CB} = \frac{8}{8+8} = 0.5,$$

$$\mu_{CD} = \frac{8}{8+8} = 0.5 \qquad \mu_{DC} = \frac{8}{8+9} = 0.471 \qquad \mu_{DE} = \frac{9}{8+9} = 0.529$$

（2）计算固端弯矩。

$$M_{BC}^F = -\frac{F_P ab^2}{l^2} = -\frac{90 \times 2 \times 4^2}{6^2} \text{kN·m} = -80 \text{kN·m}$$

$$M_{CB}^F = \frac{F_P a^2 b}{l^2} = \frac{90 \times 2^2 \times 4}{6^2} \text{kN·m} = 40 \text{kN·m}$$

$$M_{CD}^F = -\frac{ql^2}{12} = -\frac{20 \times 6^2}{12} \text{kN·m} = -60 \text{kN·m}$$

$$M_{DC}^F = \frac{ql^2}{12} = 60 \text{kN·m}$$

$$M_{DE}^F = -\frac{3F_Pl}{16} = -\frac{3 \times 60 \times 4}{16}\text{kN} \cdot \text{m} = -45\text{kN} \cdot \text{m}$$

$$M_{ED}^F = 0$$

（3）力矩分配和传递。放松结点，按（B、D）$\rightarrow C \rightarrow$（$B$、$D$）$\rightarrow C \rightarrow \cdots$顺序进行。计算过程见图 19-11 中表格，最后弯矩图如图 19-11b 所示。

力矩分配法是建立在位移法基础上的一种渐近计算法，适用于求解连续梁和无侧移刚架。其优点是不需要建立和解算联立方程，收敛速度快，力学概念明确，直接以杆端弯矩进行计算等。

力矩分配的基本运算是单结点的力矩分配，主要有以下两个环节：

（1）固定刚结点。对刚结点施加阻止转动的约束，根据荷载，计算各杆的固端弯矩和结点的不平衡力矩。

（2）放松刚结点。根据各杆的转动刚度，计算分配系数，将结点的不平衡力矩反符号，乘以分配系数，得各杆端的分配弯矩；然后，将各杆端的分配弯矩乘以传递系数，得各杆远端传递弯矩。

多结点的力矩分配法是先固定全部刚结点；然后逐个放松结点，轮流进行单结点的力矩分配。

各杆最后的杆端弯矩等于其固端弯矩与历次分配弯矩和传递弯矩的代数和。

应该注意：在力矩分配法中规定，杆端弯矩对杆以顺时针转向为正。

19-1　转动刚度的物理意义是什么？与哪些因素有关？

19-2　分配系数如何确定？为什么汇交于同一结点的各杆端分配系数之和等于 1？

19-3　传递系数如何确定？常见的传递系数有几种？各是多少？

19-4　结点不平衡力矩的含义是什么？如何确定结点不平衡力矩？

19-5　用力矩分配法计算多结点结构时，应先从哪个结点开始？能否同时放松两个或两个以上的结点？

19-6　为什么说力矩分配法是一种渐近计算方法？

19-7　力矩分配法计算时，若结构对称，能否取半个结构计算？如何选取半个结构？

试用力矩分配法计算图 19-12 ~ 图 19-21 所示结构，并作弯矩图（图 19-20、图 19-21 利用对称性）。

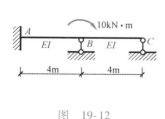

图　19-12

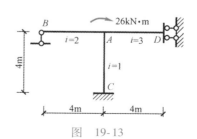

图　19-13

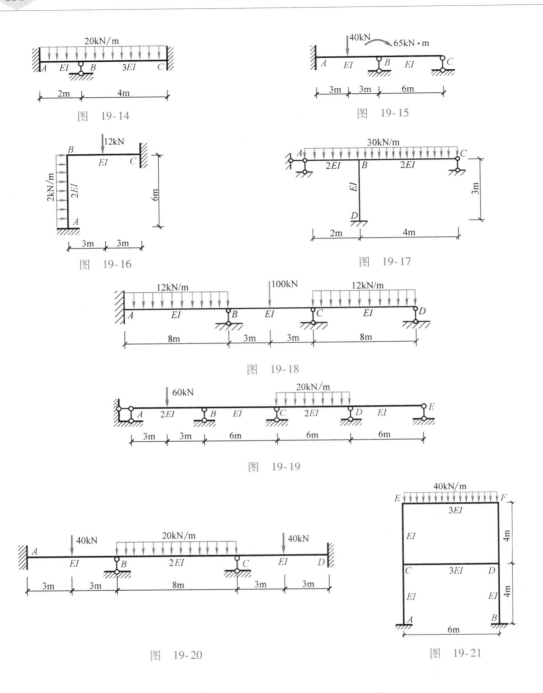

图 19-14

图 19-15

图 19-16

图 19-17

图 19-18

图 19-19

图 19-20

图 19-21

*第二十章 影 响 线

学习目标

1. 掌握影响线的概念；分清影响线和内力图的区别。
2. 熟练掌握静力法作静定梁支座反力和内力的影响线。
3. 掌握一组集中力、均布荷载作用下影响量值的计算；掌握可动均布荷载、移动荷载最不利位置的判定。
4. 了解内力包络图的概念及简支梁内力包络图的绘制方法。
5. 了解用机动法作静定梁及连续梁的影响线的方法和步骤。

第一节　影响线的概念

前面各章讨论的荷载都是固定荷载，即荷载的数值、方向和作用点位置都是固定不变的。但在工程实际中，结构除了承受固定荷载以外，还要承受移动荷载的作用。这种荷载的作用点在结构上是移动的，如在桥梁上行驶的汽车、火车荷载，在吊车梁上行驶的吊车荷载等。显然，在移动荷载作用下，结构的约束力、内力、位移（统称为量值）将随荷载的移动而变化，为此在结构设计时需要研究这些量值的变化规律，求出在移动荷载作用下这些量值的最大值以及产生最大量值时的荷载位置（称为最不利荷载位置）。

移动荷载的类型很多，但一般都是由一系列间距保持不变的平行集中荷载所组成的。为简便起见，可先研究一个单位集中荷载 $F_P = 1$ 在结构上移动时，对某一量值所产生的影响，然后根据叠加原理，进一步研究各种移动荷载对该量值的影响。

如图 20-1a 所示的简支梁，当荷载 $F_P = 1$ 分别移动到 A、C、$\cdots$、B 各点时，支座反力 F_{Ay} 的数值分别为 1、3/4、1/2、1/4、0。如果以横坐标表示荷载 $F_P = 1$ 的位置，以纵坐标表示支座反力 F_{Ay} 的数值，并将各数值在水平的基线上用竖标绘出，再将各竖标顶点连接起来，这样所得的图形（图 20-1b）就表示了 $F_P = 1$ 在梁上移动时支座反力 F_{Ay} 的变化规律。这一图形称为支座反力 F_{Ay} 的影响线。

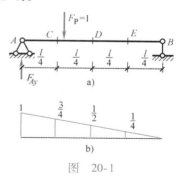

图　20-1

由上可见，影响线的定义如下：当一个指向不变的单位集中荷载在结构上移动时，表示结构某指定截面的某一量值变化规律的图形，称为该量值的影响线。

某量值的影响线一经绘出，就可以利用它来确定给定移动荷载的最不利荷载位置，从而求出该量值的最大值。下面先介绍影响线的绘制方法，然后再讨论影响线的应用。

第二节 用静力法作静定梁的影响线

用静力法作影响线，就是以荷载 $F_P=1$ 的作用位置 x 为变量，利用静力平衡条件列出所研究的量值与 x 的关系（这种关系称为影响线方程），再根据影响线方程，作出相应量值的影响线图线。

现以图 20-2 所示简支梁为例来说明用静力法作静定梁影响线的方法。

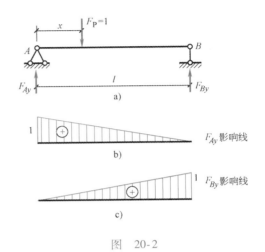

图 20-2

一、支座反力的影响线

现在拟作支座反力 F_{Ay} 的影响线。为此，取梁的左端 A 为坐标原点，令 x 表示 $F_P=1$ 至原点 A 的距离，并假定支座反力的方向以向上为正。根据平衡条件 $\sum M_B = 0$，得

$$F_{Ay}l - 1 \ (l - x) = 0$$

则

$$F_{Ay} = \frac{l-x}{l} \qquad (0 \leqslant x \leqslant l)$$

这个方程表示了支座反力 F_{Ay} 随荷载 $F_P=1$ 的移动而变化的规律，即 F_{Ay} 的影响线方程。由方程可知，F_{Ay} 是 x 的一次函数，故 F_{Ay} 的影响线为一直线，任意定出两个竖标就可绘出它来。

当 $x=0$ 时 $\qquad\qquad\qquad\qquad F_{Ay}=1$

当 $x=l$ 时 $\qquad\qquad\qquad\qquad F_{Ay}=0$

因此，在左支座处取等于 1 的竖标，将其顶点与右支座处的零点相连，即可作出 F_{Ay} 的影响线，如图 20-2b 所示。

同理，可作支座反力 F_{By} 的影响线，由 $\sum M_A = 0$，得

$$F_{By} = \frac{x}{l} \qquad (0 \leqslant x \leqslant l)$$

这就是 F_{By} 的影响线方程，可见 F_{By} 的影响线也是一条直线。

当 $x=0$ 时 $\qquad\qquad\qquad F_{By}=0$

当 $x=l$ 时 $\qquad\qquad\qquad F_{By}=1$

于是绘得支座反力 F_{By} 的影响线，如图 20-2c 所示。

在作影响线时，通常规定将正值影响线竖标绘在基线的上侧，负值影响线竖标绘在基线的下侧，并注明正负号。由于 $F_P=1$ 为无量纲量，因此支座反力影响线的竖标也为无量纲量。

二、弯矩的影响线

现在拟作指定截面 C（图 20-3a）的弯矩 M_C 的影响线。当 $F_P=1$ 在截面 C 以左或 C 以右移动时，M_C 的影响线方程具有不同的表达式，应当分别考虑。

当 $F_P=1$ 在截面 C 以左移动时，为计算简便起见，取截面 C 以右部分为隔离体，并规

定以使梁的下边纤维受拉的弯矩为正，有

$$M_C = F_{By}b = \frac{x}{l}b \quad (0 \leqslant x \leqslant a)$$

由此可知，M_C 的影响线在截面 C 以左部分
为一直线。

当 $x = 0$ 时　　　　$M_C = 0$

当 $x = a$ 时　　　　$M_C = \dfrac{ab}{l}$

故只需连接这两点竖标，即可得出 $F_P = 1$
在截面 C 以左移动时 M_C 的影响线（图 20-3b）。

当 $F_P = 1$ 在截面 C 以右移动时，取截
面 C 以左部分为隔离体，有

$$M_C = F_{Ay}a = \frac{l - x}{l}a \quad (a \leqslant x \leqslant l)$$

上式表明：M_C 的影响线在截面 C 以右部分
也是一直线。

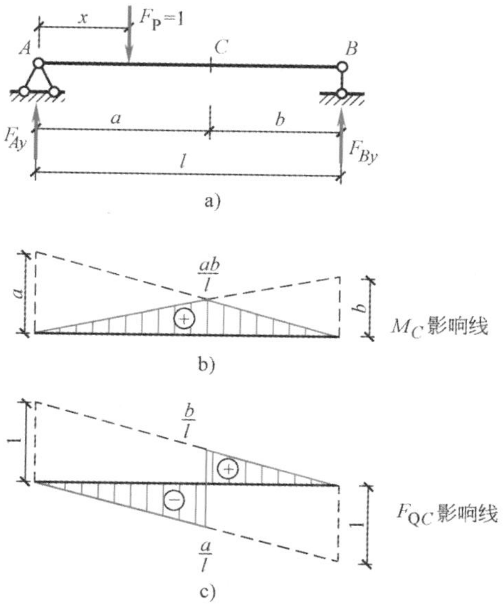

当 $x = a$ 时　　　　　　　　　　$M_C = \dfrac{ab}{l}$

当 $x = l$ 时　　　　　　　　　　$M_C = 0$

图　20-3

据此，可得出当 $F_P = 1$ 在截面 C 以右移动时 M_C 的影响线。其全部影响线如图 20-3b 中实线
所示。由图可见，M_C 的影响线是由两段直线所组成的，其交点就在截面 C 处。通常称截面
以左的直线为左直线，截面以右的直线为右直线。

从上列弯矩影响线方程可以看出：左直线可由支座反力 F_{By} 的影响线竖标放大 b 倍而得，
右直线则可由支座反力 F_{Ay} 的影响线竖标放大 a 倍而得。因此可以利用 F_{Ay} 和 F_{By} 的影响线作
M_C 的影响线，即先在左、右两支座处分别取竖标 a、b（图 20-3b），将它们的顶点各与右、
左两支座处的零点用直线相连，则这两根直线的交点与左、右零点相连的部分就是 M_C 的影
响线。

弯矩影响线竖标的量纲为长度的量纲。

三、剪力的影响线

现在拟作指定截面 C 的剪力 F_{QC} 的影响线（图 20-3c）。仍分两种情况分别考虑。

1）在当 $F_P = 1$ 截面 C 以左移动时，取截面 C 以右部分为隔离体，并规定使隔离体有顺
时针转动趋势的剪力为正，有

$$F_{QC} = -F_{By} = -\frac{x}{l} \quad (0 \leqslant x < a)$$

2）在当 $F_P = 1$ 在截面 C 以右移动时，取截面 C 以左部分为隔离体，有

$$F_{QC} = F_{Ay} = \frac{l - x}{l} \quad (a < x \leqslant l)$$

由上面两式可知，F_{QC} 的左直线与支座反力 F_{By} 的影响线竖标相同，但符号相反，而其右
直线则与支座反力 F_{Ay} 的影响线相同。据此，可作出 F_{QC} 的影响线（图 20-3c）。显然，它的

左直线与右直线必定相互平行且在截面 C 处发生突变，其突变值为1。

剪力影响线的竖标为无量纲量。

注意：影响线的图形和内力图形状有些相似，但它们的含义截然不同，必须严格区分。现以简支梁弯矩影响线和弯矩图为例说明如下。

图 20-4a 所示为简支梁弯矩 M_C 的影响线，图 20-4b 则表示荷载 F_P 作用于点 C 时的弯矩图。虽然两者图形相似，但各图竖标的含义截然不同。如 D 点的竖标，在图 20-4a 所示的 M_C 影响线中，代表 $F_P = 1$ 作用在 D 处时 M_C 的大小；而在图 20-4b 所示的弯矩图中，则代表固定荷载 F_P 作用在点 C 时，截面 D 所产生的弯矩值。

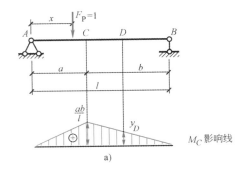

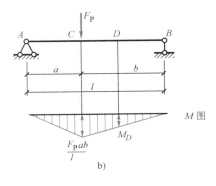

图   20-4

例 20-1   试作图 20-5a 所示外伸梁的支座反力影响线，以及截面 C、D 的弯矩和剪力影响线。

解   （1）作外伸梁的支座反力 F_{Ay} 和 F_{By} 的影响线。取支座 A 为坐标原点，并分别求得支座反力 F_{Ay} 和 F_{By} 的影响线方程为

$$F_{Ay} = \frac{l - x}{l}$$
$$\qquad (-d \leq x \leq l + d)$$
$$F_{By} = \frac{x}{l}$$

显然，上述方程与相应简支梁的支座反力影响线方程完全相同，所不同的只是 $F_P = 1$ 的作用范围扩大为 $(-d \leq x \leq l + d)$。因此，只需将相应简支梁的支座反力影响线向两个伸臂部分延长，便可绘得其支座反力 F_{Ay} 和 F_{By} 的影响线，如图 20-5b、c 所示。

（2）作两支座之间的截面 C 的弯矩和剪力影响线。当 $F_P = 1$ 在截面 C 以左移动时，取截面 C 以右部分为隔离体，则 M_C 和 F_{QC} 的影响线方程分别为

$$M_C = F_{By}b \qquad F_{QC} = -F_{By}$$

当 $F_P = 1$ 在截面 C 以右移动时，取截面 C 以左部分为隔离体，则 M_C 和 F_{QC} 的影响线方程分别为

$$M_C = F_{Ay}a \qquad F_{QC} = F_{Ay}$$

据此可知：M_C 和 F_{QC} 的影响线方程和简支梁也是相同的，因而与作支座反力影响线一样，只需将相应简支梁上截面 C 的弯矩和剪力影响线向两伸臂部分延长，即可得到外伸梁的 M_C 和 F_{QC} 影响线，如图 20-5d、e 所示。

（3）作位于伸臂上的截面 D 的弯矩和剪力影响线。为了计算简便，取 D 为坐标原点，以 x 表示 $F_P = 1$ 至原点 D 的距离，且令 x 在 D 以左时取正值。取截面 D 以左部分为隔离体，

考虑其平衡条件可得

当 $F_P = 1$ 位于 D 以左部分时，有

$$M_D = -x \qquad F_{QD} = -1$$

当 $F_P = 1$ 位于 D 以右部分时，有

$$M_D = 0 \qquad F_{QD} = 0$$

据此可作出 M_D 和 F_{QD} 的影响线，如图 20-5f、g 所示。

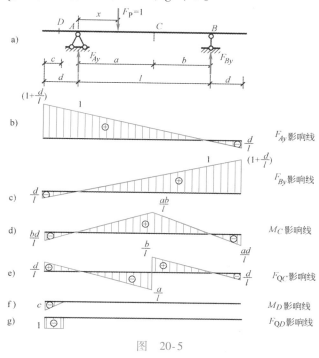

图　20-5

第三节　用机动法作静定梁的影响线

作静定结构的内力或支座反力影响线时，除可采用静力法外，还可采用机动法。机动法是以虚功原理为基础，把作内力或支座反力影响线的静力问题转化为作位移图的几何问题。下面，以作图 20-6a 所示梁的支座反力 F_{Ay} 的影响线为例，说明用机动法作影响线的概念和步骤。

拟求支座 A 反力 F_{Ay} 的影响线。为此，将与 F_{Ay} 相应的约束去掉，代以未知力 X（图 20-6b），使体系具有一个自由度。然后使体系发生任意微小的虚位移，并以 δ_X 和 δ_F 分别表示未知力 X 和 F_P 的作用点沿力的作用方向的虚位移，则根据虚功原理有

$$X\delta_X + F_P\delta_F = 0$$

作影响线时，取 $F_P = 1$，故得

$$X = -\frac{\delta_F}{\delta_X}$$

式中，δ_X 即为未知力 X 作用点沿其方向的位移，故在给定虚位移的情况下，它是不变的；但 δ_F 却随荷载 $F_P = 1$ 的位置不同而变化。于是，比值 $\dfrac{\delta_F}{\delta_X}$ 的变化规律就反映出 $F_P = 1$ 移动时

X 的变化规律。考虑到体系只有一个自由度，不论虚位移 δ_X 为何值，比值 $\dfrac{\delta_F}{\delta_X}$ 的变化规律恒为一定值。为了简便，令 $\delta_X = 1$，则上式变为

$$X = -\delta_F$$

由此可知，使 $\delta_X = 1$ 时的虚位移 δ_F 图就代表 X 的影响线，只是符号相反。由于规定 δ_F 是以与力 F_P 的方向一致者为正，即 δ_F 图以向下为正，而 X 与 δ_F 反号，故 X 的影响线应以向上为正。

据此，可作出 F_{Ay} 的影响线如图 20-6c 所示。

综合上述可知，用机动法作影响线的步骤如下：

1）去掉与量值 X 相应的约束，代以未知力 X。

2）使所得体系沿 X 的正方向发生单位位移，则由此得到的虚位移图即代表 X 的影响线。

机动法可以不经具体计算就能迅速绘出影响线的轮廓，这对于设计工作是很方便的，而且，还可利用它对静力法所绘制的影响线进行校核。

例 20-2　试用机动法作图 20-7a 所示简支梁的弯矩和剪力影响线。

解　（1）作弯矩 M_C 的影响线。去掉截面 C 处与 M_C 相应的约束（在截面 C 处加铰），代以一对等值反向的力偶 M_C。然后，给体系以虚位移，如图 20-7b 所示。这里与 M_C 相应的位移 δ_X 就是 C 两侧截面的相对转角。利用 δ_X 可以确定位移图中的竖标。由于 δ_X 是微小转角，可先求得 $AA_1 = \delta_X a$，再按几何关系求出 C 点的竖向位移为 $\dfrac{ab}{l}\delta_X$。若使 $\delta_X = 1$，则所得到的虚位移图即表示 M_C 的影响线，如图 20-7c 所示。

（2）作剪力 F_{QC} 的影响线。去掉截面 C 与 F_{QC} 相应的约束（在截面 C 处加两根平行链杆），代以一对等值反向的剪力 F_{QC}，沿 F_{QC} 正方向使体系发生虚位移，并使 AC_1 和 BC_2 仍保持平行，则得到如图 20-7d 所示的虚位移图。令 $\delta_X = 1$，即使 AC_1 和 C_2B 两部分在垂直于两平行链杆的方向的相对位移等于 1，则得 F_{QC} 的影响线，如图 20-7e 所示。

应当指出，机动法不仅适用于作单跨静定梁的支座反力或内力影响线，也适用于作其他静定结构及超静定结构的支座反力或内力影响线。

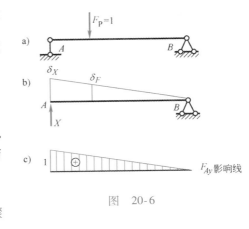

图　20-6

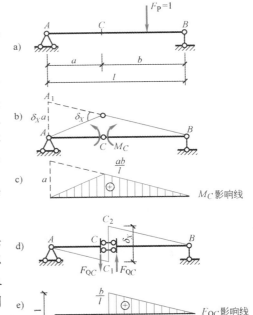

图　20-7

第四节　影响线的应用

影响线是研究移动荷载作用下结构计算的基本工具，应用它可确定一般移动荷载作用下某量值的最不利荷载位置，从而求得该量值的最大值。为此需要解决两方面的问题：一是当实际荷载在结构上的位置已知时，如何利用某量值的影响线求出该量值的数值；二是当实际的移动荷载在结构上移动时，如何利用影响线确定其最不利位置。下面分别讨论。

一、利用影响线求荷载作用下的量值

1. 集中荷载作用

设有一组集中荷载 F_{P1}、F_{P2}、F_{P3} 作用于简支梁上，位置已知，如图 20-8a 所示。现求梁上截面 C 的剪力。

图 20-8b 所示为 F_{QC} 的影响线，在各荷载作用点处影响线的竖标为 y_1、y_2、y_3，因此，由 F_{P1} 产生的 F_{QC} 等于 $F_{P1}y_1$，F_{P2} 产生的 F_{QC} 等于 $F_{P2}y_2$，F_{P3} 产生的 F_{QC} 等于 $F_{P3}y_3$。根据叠加原理可知，在这组荷载作用下 F_{QC} 的数值为

$$F_{QC} = F_{P1}y_1 + F_{P2}y_2 + F_{P3}y_3$$

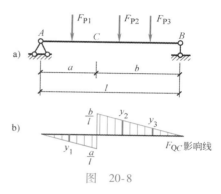

图 20-8

将上述结果推广到一般情况：设有一组移动集中荷载 F_{P1}，F_{P2}，$\cdots$，F_{Pn} 作用于结构，而结构某量值 S 的影响线在各荷载作用点处的竖标分别为 y_1，y_2，$\cdots$，y_n，则

$$S = F_{P1}y_1 + F_{P2}y_2 + \cdots + F_{Pn}y_n$$

$$= \sum_{i=1}^{n} F_{Pi}y_i \tag{20-1}$$

应用式（20-1）时，需注意影响线竖标 y_i 的正、负号。

2. 均布荷载作用

如果梁在 AB 段承受均布荷载 q 作用（图 20-9a），则将均布荷载沿其长度方向分成无数个微段 dx，而每一微段上的荷载 qdx 可作为集中荷载，它所引起的 S 值为 $yqdx$，因此，在 AB 段均布荷载作用下的 S 值为

$$S = \int_A^B qydx = q\int_A^B ydx = qA \tag{20-2}$$

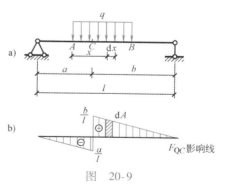

图 20-9

式中，A 表示影响线在荷载范围内的面积。在计算面积 A 时，同样需考虑正、负号。

例 20-3　利用影响线求外伸梁在图 20-10a 所示荷载作用下的 F_{QC} 值。

解　先作出 F_{QC} 的影响线，如图 20-10b 所示。

在均布荷载范围内的面积为

$$A_1 = \left[\frac{1}{2} \times \left(-\frac{1}{2}\right) \times 4\right]\text{m} = -1\text{m} \qquad A_2 = \left[\frac{1}{2} \times \left(\frac{1}{2} + \frac{1}{4}\right) \times 2\right]\text{m} = \frac{3}{4}\text{m}$$

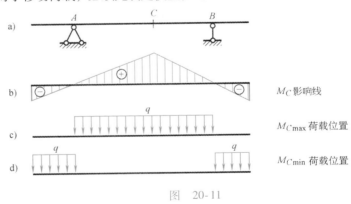

图　20-10

集中荷载作用下的竖标为

$$y = -\frac{1}{4}$$

由式（20-1）和式（20-2）得

$$F_{QC} = F_P y + q(A_1 + A_2)$$
$$= \left[60 \times \left(-\frac{1}{4}\right) + 20 \times \left(-1 + \frac{3}{4}\right)\right]\text{kN} = -20\text{kN}$$

二、最不利荷载位置

在结构设计中，需要求出量值 S 的最大值（包括最大正值 S_{max} 和最大负值 S_{min}，后者又称为最小值）作为设计的依据，对于移动荷载，必须先确定使量值达到最大值时的最不利位置。

1. 可动均布荷载

由于可动均布荷载可以任意断续地布置，故其最不利荷载位置易于确定。由式（20-2）可知：当均布活荷载布满对应于影响线正号面积的范围时，则量值 S 将产生最大正值 S_{max}；反之，当均布活荷载布满对应于影响线负号面积的范围时，则量值 S 将产生最小值 S_{min}。如对于图 20-11a 所示外伸梁，欲求截面 C 的最大正弯矩 M_{max} 和最大负弯矩 M_{min}，则它们相应的最不利荷载位置将分别如图 20-11c、d 所示。

2. 移动集中荷载

对于移动集中荷载，由 $S = \sum F_{Pi} y_i$ 可知，当 $\sum F_{Pi} y_i$ 为最大值时，则相应的荷载位置即为量值 S 最不利荷载位置。由此推断，最不利荷载位置必然发生在荷载密集于影响线竖标最大处，并且可进一步论证当移动集中荷载在最不利荷载位置时，必有一个集中荷载作用在影响线的顶点。为分析方便，通常将这一位于影响线顶点的集中荷载称为临界荷载。

利用上述推断，可以采用试算法来确定最不利荷载位置，并求出相应量值的最大值。

例 20-4　试求图 20-12a 所示简支梁在两台吊车荷载作用下截面 C 的最大正剪力。已知 $F_{P1} = F_{P2} = F_{P3} = F_{P4} = 280kN$。

解　先作 F_{QC} 的影响线，如图 20-12b 所示。

欲求 F_{QCmax}，首先，应使尽可能多的荷载位于影响线的正号面积范围内。其次，应使排列密的荷载位于影响线竖标较大的部位。图 20-12c 所示为最不利荷载位置，由此求得

$$F_{QCmax} = 280kN \times (0.4 + 0.28 - 0.2)$$
$$= 134.4kN$$

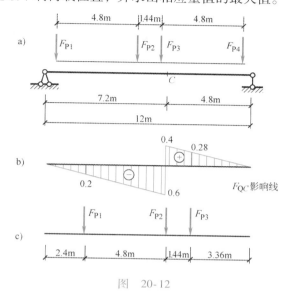

图　20-12

例 20-5　试求图 20-13a 所示简支梁在吊车荷载作用下截面 C 的最大弯矩。已知 $F_{P1} = F_{P2} = 478.5kN$，$F_{P3} = F_{P4} = 324.5kN$。

解　先作 M_C 的影响线，如图 20-13b 所示。M_C 的最不利荷载位置有如图 20-13c、d 所示两种可能情况。现分别计算对应的 M_C 值，并加以比较，即可得出 M_C 的最大值。

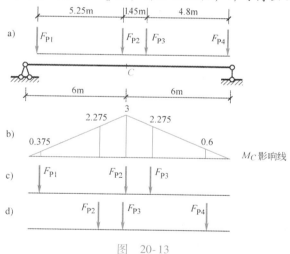

图　20-13

对于图 20-13c 所示情况有

$$M_C = [478.5 \times (0.375 + 3) + 324.5 \times 2.275]kN \cdot m = 2353.2kN \cdot m$$

对于图 20-13d 所示情况有

$$M_C = [478.5 \times 2.275 + 324.5 \times (3 + 0.6)]kN \cdot m = 2256.8kN \cdot m$$

二者比较可知，图 20-13c 所示为 M_C 的最不利荷载位置，此时

$$M_{Cmax} = 2353.2kN \cdot m$$

第五节　简支梁的内力包络图

所谓内力包络图，是指结构在移动荷载作用下，表示各截面内力最大值（最大正值和最大负值）的图形。内力包络图是结构设计的重要依据。如在钢筋混凝土结构设计时，需要根据内力包络图来确定纵向和横向受力钢筋的布置。梁的内力包络图包括弯矩包络图和剪力包络图。

下面以图 20-14a 所示吊车梁在吊车荷载作用下的内力包络图为例说明简支梁内力包络图的作法。

绘制梁的弯矩包络图时，一般先将梁分成若干等分（通常分为十等分），再利用影响线求出各等分点所在截面的最大弯矩值，最后按同一比例尺用竖标标出，连成曲线，便可以得到如图 20-14b 所示的弯矩包络图。弯矩包络图表示各截面弯矩可能变化的范围。

在弯矩包络图中，通常把最大的竖标称为**绝对最大弯矩**。绝对最大弯矩代表在移动荷载作用下梁各截面最大弯矩中的最大值。

同理，可绘出剪力包络图如图 20-14c 所示。由于每一截面的剪力可能发生最大正值和最大负值，故剪力包络图有两条曲线。

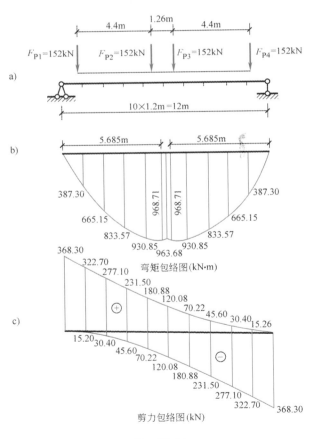

图　20-14

第六节 连续梁的影响线和内力包络图

一、连续梁的影响线

连续梁是工程中常用的一种结构，如房屋建筑中的梁板式楼盖，其上的板、次梁和主梁一般都按连续梁来计算，而连续梁承受的活荷载多为可动均布活荷载（如楼面上的人群荷载），这时，只要知道影响线的轮廓就可确定其最不利荷载位置，而不必求出影响线竖标的具体数值。所以，一般用机动法作连续梁的影响线。

用机动法作连续梁影响线的方法和步骤与静定梁是基本一致的，即为了作出某量值影响线，只要去掉与该量值相应的约束，代以未知力 X，使所得体系沿 X 的正方向发生单位位移，则由此得到的虚位移图，即代表 X 的影响线。

图 20-15

图 20-15 为支座反力 F_{By} 影响线的轮廓。

图 20-16a、b、c 分别为连续梁剪力 F_{QK}、弯矩 M_K、支座弯矩 M_C 影响线的轮廓。有了影响线的轮廓，就可以方便地确定连续梁在可动均布活荷载作用下的最不利分布情形。

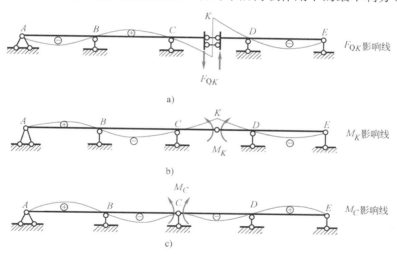

图 20-16

二、连续梁的内力包络图

连续梁所受的荷载通常包括恒荷载和活荷载两部分，恒荷载经常存在且布满全跨，它所产生的内力是固定不变的；活荷载不经常存在且可按任意长度分布，它所产生的内力则将随活荷载分布的不同而改变。显然，只要求出了活荷载作用下某一截面的最大或最小内力，再加上恒荷载作用下该截面的内力，就可得该截面的最大或最小内力。

首先讨论连续梁的弯矩包络图的作法。连续梁在恒荷载和活荷载作用下不仅会产生正弯矩，而且还会产生负弯矩。因此，它的弯矩包络图将由两条曲线组成：其中一条曲线表示各截面可能出现的最大弯矩值，另一条曲线则表示各截面可能出现的最小弯矩值。它们表示了梁在恒荷载和活荷载的共同作用下各截面可能产生的弯矩的极限范围。

当连续梁受均布活荷载作用时，其各截面弯矩的最不利荷载位置是在若干跨内布满活荷载。于是，连续梁的弯矩最大值（或最小值）可由某几跨单独布满活荷载时的弯矩值叠加求得。也就是说，只需按每跨单独布满活荷载的情况逐一作出其弯矩图，然后对于任一截面，将这些弯矩图中对应的所有正弯矩值相加，便得到该截面在活荷载作用下的最大正弯矩。同样若将对应的所有负弯矩值相加，便可得到该截面在活荷载作用下的最大负弯矩。

作连续梁弯矩包络图的步骤可总结如下：

1）绘出恒荷载作用下的弯矩图。

2）依次按每一跨单独布满活荷载的情况，逐一绘出其弯矩图。

3）将各跨分为若干等分，对每一等分点处，将恒荷载弯矩图中该处的竖标值与所有各个活荷载弯矩图中对应的正（负）竖标值之和相叠加，便得到各分点处截面的最大（小）弯矩值。

4）将上述各最大（小）弯矩值在同一图中按同一比例尺用竖标标出，并以曲线相连，即得所求的弯矩包络图。

有时还需作出表明连续梁在恒荷载和活荷载共同作用下的最大剪力和最小剪力变化情形的剪力包络图，其绘图步骤与弯矩包络图相同。由于设计中用到的主要是各支座附近截面上的剪力值，因此实际绘制剪力包络图时，通常只将各跨两端靠近支座截面处的最大剪力值和最小剪力值求出，而在每跨中以直线相连，近似地作为所求的剪力包络图。

例20-6 试绘制图20-17a所示三跨等截面连续梁的弯矩包络图和剪力包络图。梁上承受的恒荷载为 $g = 20kN/m$，均布活荷载为 $q = 40kN/m$。

解 首先作出恒载作用下的弯矩图（图20-17b）和各跨分别承受活荷载时的弯矩图（图20-17c、d、e）。将梁的每一跨分为四等份，求出各弯矩图中各等分点的竖标值。然后将图20-17b中各截面的竖标值和图20-17c、d、e中对应的正（负）竖标值相加，即得最大（小）弯矩值。如在支座1处：

$$M_{1max} = (-72 + 24)kN \cdot m = -48kN \cdot m$$

$$M_{1min} = [-72 + (-96) + (-72)]kN \cdot m = -240kN \cdot m$$

把各个最大弯矩值和最小弯矩值分别用曲线相连，即得弯矩包络图，如图20-17f所示。

同理，为了绘制剪力包络图，需先作出恒载作用下的剪力图（图20-18a）和各跨分别承受活荷载时的剪力图（图20-18b、c、d）。然后将图20-18b中各支座左、右两侧截面处的竖标值和图20-18c、d中对应的正（负）竖标值相加，便得到各支座截面的最大（小）剪力值。如在支座2右侧截面处：

$$F_{Q2max} = (72 + 12 + 136)kN = 220kN$$

$$F_{Q2min} = [72 + (-4)]kN = 68kN$$

最后，把各支座两侧截面上的最大剪力值和最小剪力值分别用直线相连，即得近似的剪力包络图，如图20-18e所示。

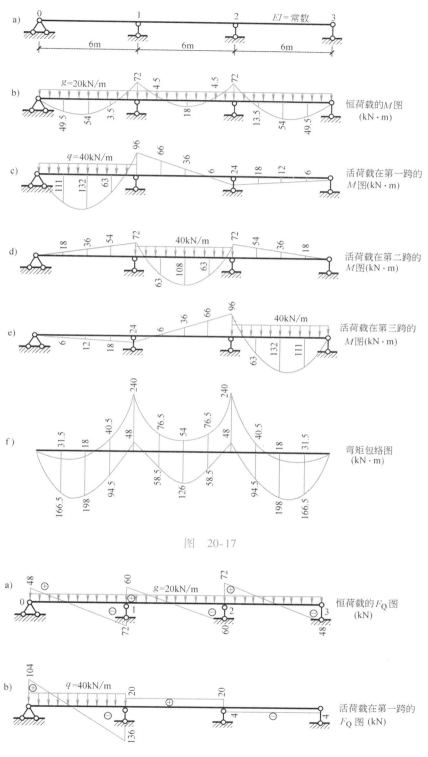

图 20-17

图 20-18

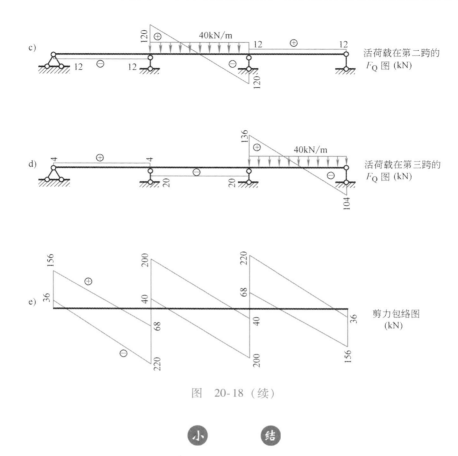

图 20-18（续）

小 结

本章主要研究了在移动荷载作用下求结构的内力（支座反力），而其他各章中荷载是固定的。

结构某一量值 S 影响线的每一个竖标对应着移动荷载 $F_p=1$ 的一个作用位置，它的全部竖标都是表示 S 的数值。

绘制影响线的基本方法是静力法和机动法。

静力法作影响线时是以 x 表示 $F_p=1$ 在结构上的位置，取隔离体，用平衡方程来求。所得的函数式就是影响线方程，对应的图形就是影响线。当 $F_p=1$ 作用在结构不同部分上，所求量值的影响线方程不同时，应将它们分段写出，在作图时要注意各方程的适用范围。静力法是绘制影响线的最基本的方法，应正确地掌握和运用。

机动法作影响线是应用虚功原理，把作影响线这个静力问题转化成为作位移图这个几何问题，当位移图容易绘制时，机动法是很方便的。

由机动法可知，静定结构内力（支座反力）影响线是直线（折线）图形，超静定结构内力（支座反力）影响线是曲线图形。由此，可以极方便地绘出影响线的轮廓，用来判断最不利荷载的分布。

利用某一量值影响线可求得在集中移动荷载作用下该量值的最大值及发生此最大值时移动荷载的位置，即最不利荷载位置。

20-1　影响线的含义是什么？为什么取单位移动荷载 $F_P = 1$ 的作用作为绘制影响线的基础？它的 x 和 y 坐标各代表什么物理意义？

20-2　静力法作影响线的步骤如何？在什么情况下影响线的方程必须分段求出？

20-3　静力法和机动法作影响线在原理和方法上有何不同？

20-4　试说明简支梁任一截面剪力影响线中的左、右两直线必定平行的理由。图 20-3c 所示 F_{QC} 的影响线中，突变处的两个竖标各代表什么含义？

20-5　为什么可以利用影响线来求得恒荷载作用下的内力？

20-6　何谓最不利荷载位置？何谓临界荷载？

20-7　内力包络图与内力图、影响线有何区别？三者各有何用途？

20-8　图 20-19 所示简支梁 AB 上作用单位移动力偶荷载 $M = 1$，如何用静力法作出 F_{Ay}、F_{By}、M_C、F_{QC} 的影响线？

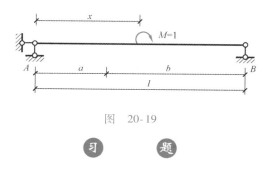

图　20-19

20-1　试用静力法作图 20-20 所示各结构中指定量值的影响线，并用机动法校核。

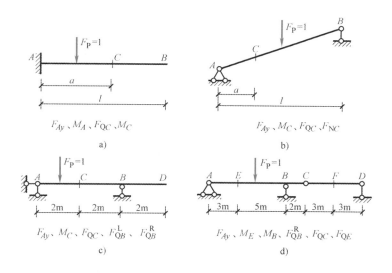

图　20-20

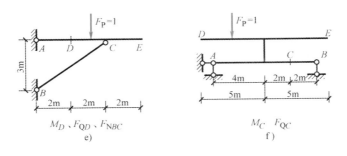

图 20-20（续）

20-2 试利用影响线，求下列结构在图 20-21 所示荷载作用下的指定量值的大小。

20-3 两台起重机在吊车梁上运行，如图 20-22 所示。试求吊车梁的 M_C、F_{QC} 的最不利荷载位置，并计算其最大值和最小值。

20-4 试绘出图 20-23 所示连续梁的 M_K、M_C、F_{QB}^L、F_{QB}^R 影响线轮廓。

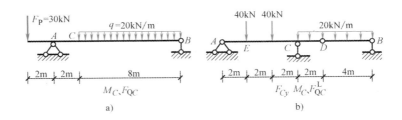

图 20-21

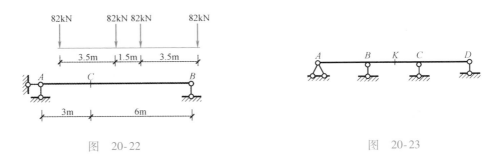

图 20-22   图 20-23

20-5 图 20-24 所示连续梁各跨承受的均布恒荷载为 $g = 10\text{kN/m}$，均布活荷载为 $q = 20\text{kN/m}$，EI 为常数。试绘制其弯矩包络图和剪力包络图。

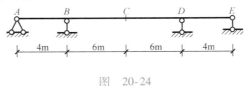

图 20-24

附录　部分习题参考答案

第十五章

15-1　a）$M_{AB} = \dfrac{1}{8}ql^2$（上侧受拉）　　　　$M_{BA} = \dfrac{1}{8}ql^2$（下侧受拉）

　　　b）$M_{AB} = \dfrac{1}{4}F_P l$（上侧受拉）　　　$M_C = 0$

　　　c）$M_C = 10\text{kN} \cdot \text{m}$（下侧受拉）　　　$M_B = 20\text{kN} \cdot \text{m}$（上侧受拉）

　　　d）$M_{AB} = ql^2$（下侧受拉）　　　$M_B = \dfrac{1}{2}ql^2$（上侧受拉）

15-2　a）$M_C = 16\text{kN} \cdot \text{m}$（下侧受拉）

　　　　$F_{QCA} = -3.57\text{kN}$　　　$F_{QCB} = -4\text{kN}$

　　　　$F_{NCA} = 1.79\text{kN}$　　　$F_{NCB} = 0$

　　　b）$M_{中} = \dfrac{1}{8}ql^2$（下侧受拉）　　　$F_{NA} = -ql\sin\alpha$

15-3　a）$F_{QAB} = -10\text{kN}$　　　$M_{AB} = 20\text{kN} \cdot \text{m}$（下侧受拉）

　　　b）$F_{QAB} = 30\text{kN}$　　　$M_B = 60\text{kN} \cdot \text{m}$（上侧受拉）

　　　c）$F_{QBC} = qa$　　　$M_B = \dfrac{1}{2}qa^2$（上侧受拉）

15-4　a）$M_{AC} = 30\text{kN} \cdot \text{m}$（左侧受拉）　　　$F_{QAC} = 0$

　　　b）$M_{BC} = 8\text{kN} \cdot \text{m}$（上侧受拉）

　　　c）$M_{CA} = 320\text{kN} \cdot \text{m}$（外侧受拉）　　　$M_{CD} = 310\text{kN} \cdot \text{m}$（外侧受拉）

　　　d）$M_{CA} = 60\text{kN} \cdot \text{m}$（内侧受拉）

　　　e）$M_{DA} = 48\text{kN} \cdot \text{m}$（外侧受拉）

　　　f）$M_{DA} = 60\text{kN} \cdot \text{m}$（内侧受拉）　　　$M_{EB} = 60\text{kN} \cdot \text{m}$（外侧受拉）

　　　g）$M_{DA} = 20\text{kN} \cdot \text{m}$（外侧受拉）　　　$M_{CD} = 10\text{kN} \cdot \text{m}$（上侧受拉）

　　　h）$M_{BA} = \dfrac{1}{2}ql^2$（右侧受拉）　　　$M_{CD} = 0$

15-5　a）$M_{AB} = 22.5\text{kN} \cdot \text{m}$（左侧受拉）　　　$M_{AC} = 45\text{kN} \cdot \text{m}$（下侧受拉）

　　　b）$M_{CD} = \dfrac{1}{2}ql^2$（上侧受拉）　　　$M_{BA} = 0$

　　　c）$M_{CE} = 12\text{kN} \cdot \text{m}$（外侧受拉）　　　$M_{DC} = 36\text{kN} \cdot \text{m}$（外侧受拉）

　　　　$M_{DB} = 24\text{kN} \cdot \text{m}$（外侧受拉）

　　　d）$M_{AD} = 50\text{kN} \cdot \text{m}$（外侧受拉）

　　　　$M_{DC} = 20\text{kN} \cdot \text{m}$（外侧受拉）

15-8　a）$F_{N34} = -120\text{kN}$　　　$F_{N37} = -60\text{kN}$

b) $F_{N54} = -15\text{kN}$ $\quad F_{N64} = -3\text{kN}$

15-9 a) $F_{Na} = 7.5\text{kN}$ $\quad F_{Nb} = 25\text{kN}$ $\quad F_{Nc} = -22.5\text{kN}$

b) $F_{Na} = -6\text{kN}$ $\quad F_{Nb} = -4\sqrt{2}\text{kN}$ $\quad F_{Nc} = 2\text{kN}$

c) $F_{Na} = 125\text{kN}$ $\quad F_{Nb} = 0$

d) $F_{N1} = -4.5F_P$ $\quad F_{N2} = \dfrac{\sqrt{2}}{2}F_P$ $\quad F_{N3} = 4F_P$ $\quad F_{N4} = -0.5F_P$

e) $F_{Na} = \sqrt{2}F_P$ $\quad F_{Nb} = -F_P$

f) $F_{Na} = -10\text{kN}$ $\quad F_{Nb} = -9\sqrt{2}\text{kN}$ $\quad F_{Nc} = 10\text{kN}$

15-10 $\quad M_K = -29\text{kN}\cdot\text{m}$ $\quad F_{QK} = 18.3\text{kN}$ $\quad F_{NK} = 68.3\text{kN}$

15-11 $\quad F_{NAD} = 231\text{kN}$ $\quad F_{NFD} = -52.5\text{kN}$

$\quad M_{FC} = 11.25\text{kN}\cdot\text{m}$（上侧受拉）

第十六章

16-1 a) $\varphi_A = \dfrac{ql^3}{8EI}$ $(\curvearrowright)$

b) $\Delta_{AV} = \dfrac{ql^4}{8EI}$ $(\downarrow)$

c) $\Delta_{CV} = \dfrac{27ql^4}{16EI}$ $(\downarrow)$

d) $\Delta_{BH} = \dfrac{7ql^4}{24EI}$ $(\rightarrow)$

16-2 $\quad \Delta_{BV} = 3.26\text{mm}$ $(\downarrow)$

16-3 $\quad \Delta_{CH} = \dfrac{F_P a}{EA}$ $(1 + 2\sqrt{2})$ $(\rightarrow)$

16-4 a) $\Delta_{CV} = \dfrac{F_P l^3}{48EI}$ $(\downarrow)$

b) $\Delta_{CV} = \dfrac{23ql^4}{24EI}$ $(\downarrow)$

16-5 a) $\Delta_{BH} = \dfrac{2020}{3EI}$ $(\rightarrow)$ $\qquad \varphi_B = \dfrac{1310}{3EI}$ $(\curvearrowleft)$

b) $\Delta_{BH} = \dfrac{7F_P l^3}{12EI}$ $(\rightarrow)$ $\qquad \varphi_B = \dfrac{F_P l^2}{12EI}$ $(\curvearrowright)$

16-6 $\quad \Delta_{CV} = 2.57\text{mm}$ $(\uparrow)$ $\qquad \varphi_B = 0.0047\text{rad}$ $(\curvearrowleft)$

16-7 $\quad \Delta_{AH} = 0$ $\qquad \Delta_{AV} = 0$

16-8 $\quad \dfrac{F_P a^2}{6EI}$ $(\curvearrowleft \curvearrowright)$

16-9 $\quad 8.02\text{mm}$ $(\downarrow)$

16-10 $\quad \Delta_{CH} = \dfrac{Hb}{l}$ $(\rightarrow)$

16-11 $\quad \Delta_{EV} = 0.15\text{cm}$ $(\uparrow)$

第十七章

17-2 a) $M_{AB} = \dfrac{1}{8}ql^2$（上侧受拉）

b) $M_{AB} = \dfrac{1}{12}ql^2$（上侧受拉）

c) $M_{BA} = \dfrac{3}{32}F_P l$（上侧受拉）

d) $M_{BA} = \dfrac{3}{32}F_P l$（上侧受拉）

17-3 a) $M_{CA} = 84\text{kN} \cdot \text{m}$（右侧受拉） $M_{DB} = 156\text{kN} \cdot \text{m}$（右侧受拉）

b) $M_{BA} = \dfrac{1}{8}F_P l$（右侧受拉） $M_{CB} = F_P l$（上侧受拉）

c) $M_{AD} = 36.99\text{kN} \cdot \text{m}$（右侧受拉） $M_{BE} = 104.43\text{kN} \cdot \text{m}$（右侧受拉）

d) $M_{DA} = \dfrac{1}{24}ql^2$（上侧受拉）

17-4 $F_{NAB} = 0.415F_P$

17-5 $F_{NEF} = 67.3\text{kN}$ $M_{CD} = 14.6\text{kN} \cdot \text{m}$（上侧受拉）

17-6 a) $M_{AC} = 225\text{kN} \cdot \text{m}$（左侧受拉）

b) $M_A = 29.4\text{kN} \cdot \text{m}$ $M_B = 40.6\text{kN} \cdot \text{m}$（左侧受拉）

17-10 a) $M_{AB} = \dfrac{9}{112}ql^2$（上侧受拉） $M_{BA} = \dfrac{27}{112}ql^2$（上侧受拉）

b) $M_{AD} = 17.51\text{kN} \cdot \text{m}$（右侧受拉） $M_{DA} = 20.83\text{kN} \cdot \text{m}$（左侧受拉）

c) $M_{AC} = 168.3\text{kN} \cdot \text{m}$（左侧受拉） $M_{CA} = 131.7\text{kN} \cdot \text{m}$（右侧受拉）

d) $M_{FE} = \dfrac{1}{8}ql^2$（上侧受拉）

第十八章

18-3 a) $M_{BC} = -40\text{kN} \cdot \text{m}$ $M_{CB} = 40\text{kN} \cdot \text{m}$

b) $M_{BC} = -45\text{kN} \cdot \text{m}$

c) $M_{CA} = 68.57\text{kN} \cdot \text{m}$

d) $M_{BD} = 0.2\text{kN} \cdot \text{m}$ $M_{DB} = -3.9\text{kN} \cdot \text{m}$

18-4 a) $M_{BA} = 16.52\text{kN} \cdot \text{m}$ $M_{CD} = -26.09\text{kN} \cdot \text{m}$ $M_{CE} = -26.09\text{kN} \cdot \text{m}$

b) $M_{BE} = -7.8\text{kN} \cdot \text{m}$ $M_{BC} = -32.2\text{kN} \cdot \text{m}$ $M_{CB} = 27.7\text{kN} \cdot \text{m}$

18-5 a) $M_{AD} = -\dfrac{11}{56}ql^2$ $M_{EB} = -\dfrac{3}{28}ql^2$

b) $M_{AC} = -10.04\text{kN} \cdot \text{m}$ $M_{BD} = -5.65\text{kN} \cdot \text{m}$ $M_{CE} = 7.53\text{kN} \cdot \text{m}$

18-6 a) $M_{CB} = -40\text{kN} \cdot \text{m}$（外侧受拉） $M_{ED} = 70\text{kN} \cdot \text{m}$（外侧受拉）

b) $M_{AD} = \dfrac{1}{48}ql^2$ $M_{DE} = -\dfrac{1}{24}ql^2$

第十九章

图 19-12 $M_{BA} = 5.72\text{kN} \cdot \text{m}$ $M_{BC} = 4.29\text{kN} \cdot \text{m}$

图 19-13 $M_{AB} = 12\text{kN} \cdot \text{m}$ $M_{AC} = 8\text{kN} \cdot \text{m}$ $M_{AD} = 6\text{kN} \cdot \text{m}$

图 19-14 $M_{AB} = -2.67\text{kN} \cdot \text{m}$ $M_{BA} = -M_{BC} = 14.67\text{kN} \cdot \text{m}$

$M_{CB} = 32.67\text{kN} \cdot \text{m}$

图 19-15 $M_{AB} = -20\text{kN} \cdot \text{m}$ $M_{BA} = 50\text{kN} \cdot \text{m}$ $M_{BC} = 15\text{kN} \cdot \text{m}$

图 19-16 $M_{AB} = -4\text{kN} \cdot \text{m}$ $M_{BA} = -M_{BC} = 8\text{kN} \cdot \text{m}$ $M_{CB} = 9.5\text{kN} \cdot \text{m}$

图 19-17 $M_{BA} = 38.12\text{kN} \cdot \text{m}$ $M_{BC} = 48.43\text{kN} \cdot \text{m}$

$M_{BD} = 10.3\text{kN} \cdot \text{m}$ $M_{DB} = 5.15\text{kN} \cdot \text{m}$

图 19-18 $M_{AB} = 63\text{kN} \cdot \text{m}$ $M_{BA} = -M_{BC} = 66\text{kN} \cdot \text{m}$

$M_{CB} = -M_{CD} = 89\text{kN} \cdot \text{m}$

图 19-19 $M_{BA} = -M_{BC} = 15.8\text{kN} \cdot \text{m}$ $M_{CB} = -M_{CD} = 20.3\text{kN} \cdot \text{m}$

$M_{DC} = -M_{DE} = 26.6\text{kN} \cdot \text{m}$

图 19-20 $M_{AB} = -8.1\text{kN} \cdot \text{m}$ $M_{BA} = -M_{BC} = 73.8\text{kN} \cdot \text{m}$

图 19-21 $M_{EC} = 57.29\text{kN} \cdot \text{m}$ $M_{CE} = 20.87\text{kN} \cdot \text{m}$ $M_{AC} = -5.22\text{kN} \cdot \text{m}$

第二十章

20-2   a) $M_C = 80\text{kN} \cdot \text{m}$（下侧受拉） $F_{QC} = 70\text{kN}$

b) $F_{Cy} = 140\text{kN}$ $M_C = 80\text{kN} \cdot \text{m}$（下侧受拉） $F_{QC}^{L} = -60\text{kN}$

20-3 $M_{C\max} = 314\text{kN} \cdot \text{m}$ $F_{QC\max} = 104.5\text{kN}$ $F_{QC\min} = -27.3\text{kN}$

参 考 文 献

[1]　沈伦序. 建筑力学[M]. 北京：高等教育出版社，1990.
[2]　陈永龙. 建筑力学[M]. 北京：高等教育出版社，2002.
[3]　马明江. 建筑力学[M]. 武汉：武汉工业大学出版社，1999.
[4]　周国瑾，施美丽，张景良. 建筑力学[M]. 2 版. 上海：同济大学出版社，2000.
[5]　龙驭球，包世华. 结构力学教程（Ⅰ）[M]. 北京：高等教育出版社，2000.
[6]　李家宝. 结构力学[M]. 3 版. 北京：高等教育出版社，1999.
[7]　胡兴国. 结构力学[M]. 武汉：武汉工业大学出版社，2000.
[8]　王长连. 建筑力学：下册[M]. 北京：中国建筑工业出版社，1999.
[9]　张来仪，景瑞. 结构力学[M]. 北京：中国建筑工业出版社，1997.
[10]　李廉锟. 结构力学：上册[M]. 3 版. 北京：高等教育出版社，1999.
[11]　沈养中，石静. 结构力学[M]. 北京：科学出版社，2001.
[12]　李家宝. 建筑力学：第三分册[M]. 2 版. 北京：高等教育出版社，1995.
[13]　张曦. 建筑力学[M]. 北京：中国建筑工业出版社，2000.